U0052243

全了解
幸福生活的方法

我家的鸚鵡
超愛現！

會了這些把
戲，飼主肯
定更愛我！

監 修	BGS 鳥類顧問 柴田祐未子	橫濱小鳥醫院院長 海老沢和莊
中文版 審定	凡賽爾賽鴿寵物鳥醫院院長 李照陽	譯 者 彭春美

漢欣文化事業有限公司
Han Shin Cultural Enterprise Co., Ltd.

「我家的鸚鵡完全不玩玩具……」有這種想法的飼主大概不少吧！鳥類是知性好奇心很高的生物。一般認為，越是智能高的生物，就越會活潑地玩「遊戲」。也就是說，「遊戲」對鳥兒來說是必不可少的，可以說是牠們與生俱來的能力。

首先，大前提是在和鳥兒一起生活時，要為牠準備好安全舒適，而且能讓牠健康生活所需的基礎部分，然後再進一步地充實牠的身心基本需求。本書所收錄的內容，即是如何找出可以讓鳥兒滿足所需的遊戲。

鳥類和人類的遊戲概念是不同的。依照性格而異，遊戲也是五花八門。因為無法依照鳥種一概而論，為了讓您能夠觀察每一隻鳥的行動，找出符合牠興趣的遊戲，因此書中盡可能地收錄了我所遇過的各種類型鳥兒們的觀察重點。即使如此，或許仍然無法100％適用在自家鳥兒身上也說不定。原因在於鳥兒的個性實在是太豐富了。請以本書做為參考，至於要如何應用·活用在自家鳥兒身上，就得憑各位飼主的本事了。請務必享受和鳥兒鬥智的樂趣，如果能夠這樣，那就再好不過了。

BGS鳥類顧問

柴田祐未子

3

鸚鵡發出的挑戰書

為了和鸚鵡相處融洽，在此將預先要知道的10項知識做成謎題出題！
你可以答對幾題呢？請接受來自鸚鵡的挑戰吧♪

總共有
10題喲！

Q1

鸚鵡行動
的原動力是什麼？

➡ 答案在P.14

LOVE ♥ LOVE

我生氣囉！

Q2

和鸚鵡生活時
需要注意的2個時期。
一個是「反抗期」，另一個是？

➡ 答案在P.22

我會加油的！

Q3

訓練時使用什麼東西
會比較有效？

➡ 答案在P.38

Q4

「○○訓練」是
所有訓練的基礎。
填入○中的答案是？

➡ 答案在P.44

＼練習才有收穫！／

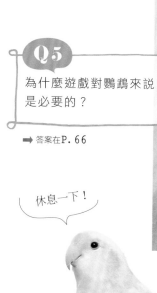

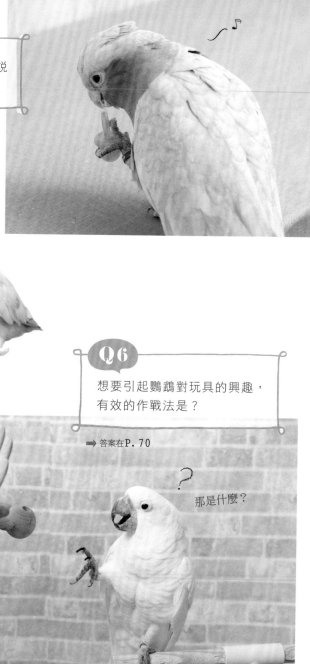

Q5

為什麼遊戲對鸚鵡來説
是必要的？

➡ 答案在P.66

♪

休息一下！

Q6

想要引起鸚鵡對玩具的興趣，
有效的作戰法是？

➡ 答案在P.70

？

那是什麼？

嚼嚼～

Q7

在飲食上，最好是以
○○方式來給予！
填入○中的答案是？

➡ 答案在P.84

Q8

能加深和鸚鵡之間親密關係的
遊戲關鍵字是○○○！
填入○中的答案是？

➡ 答案在P.96

Q9

為了鸚鵡的健康，
飼主必須注意的
事項是？

➡ 答案在P.119

我喜歡你 ♥

8

Q10

鸚鵡的主食，除了種子
之外還有另一樣是？

➡ 答案在P.120

青菜是副食！

如果10個問題都知道答案，
那麼要和鸚鵡建立良好關係
所需的知識就齊備了！
覺得很困難的人，
不妨翻開本書找一找，
因為所有的答案都在書中喔！

全都知道
答案了嗎？

是不是很難
呢～？

Contents

PART
1

來認識鸚鵡吧！

必須知道的關於鸚鵡的10件事

認識鸚鵡和其他寵物不同的魅力

愛唱歌、愛玩耍的鸚鵡。

從性格和外觀、能力等各方面來看，因為能夠加深心靈之間的交流，所以是最適合與人一起生活的「伴侶鳥」鳥類。

鸚鵡擁有與貓狗等其他寵物不同的魅力和性格。為了讓人和鸚鵡彼此都能幸福地生活，理解鸚鵡的特性，儘量讓牠過著合乎其特性的生活是很重要的。

愛就是一切♪

point 1 所有的行動都來自於「愛」

鸚鵡是愛情非常深厚的動物。這一點可以從牠不擁有複數伴侶，終生只和一隻鳥配對就能得知。牠也同樣能以那樣的愛來對待我們，藉由膚觸或說話等各種不同的方法來表現愛情。

（ 鳥和鳥的愛 ）

飼養成對的鸚鵡，就可以觀察到2隻鳥談情說愛的樣子。只是，完全進入只有2隻鳥的世界，可能會發生飼主變成電燈泡的情況。

（ 人和鳥的愛 ）

只要以愛來對待，鸚鵡也會毫不吝惜地以愛回報。不過，過度深厚的愛情也可能會引起「喊叫」或「咬人」、「慢性發情」等問題行為。

你儂我儂♥

愛你喲♥

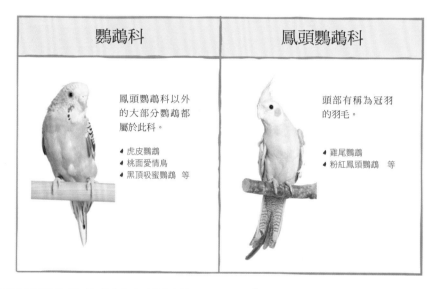

大小和顏色也
各有特色！

Point **2** 依種類而有很大的差異

鸚鵡在生物分類學上是屬於「鸚形目」的族群，再進一步可以分成「鸚鵡科」、「鳳頭鸚鵡科」、「鴞鸚鵡科」等3科；其中成為飼養鳥的是鸚鵡科和鳳頭鸚鵡科這2科。在帶牠回家前，先來掌握每種鸚鵡的特徵吧！

鸚鵡科	鳳頭鸚鵡科
鳳頭鸚鵡科以外的大部分鸚鵡都屬於此科。 ◂ 虎皮鸚鵡 ◂ 桃面愛情鳥 ◂ 黑頂吸蜜鸚鵡　等	頭部有稱為冠羽的羽毛。 ◂ 雞尾鸚鵡 ◂ 粉紅鳳頭鸚鵡　等

鸚鵡之中沒有老大！

鸚鵡是群居的動物。不過，群體當中並沒有老大，而是會建立「對等」的關係。也因此，對鸚鵡而言的順位排列是依照「喜歡或討厭」、「有害或無害」等來判斷的。

（ 鸚鵡的順位排列 ）

自己

1 最喜歡的人（同伴）
2 喜歡的人
3 無害的人
4 外部的人
5 入侵者、敵人

Point **3** 橫向的關係很重要

大部分的鸚鵡，基本上都是一夫一妻制的配偶，雄鳥和雌鳥會合力育兒。因此，配偶間的連結比其他動物更加緊密，非常重視同伴。

\列隊！！/

我最喜歡遊戲了♪

知性好奇心旺盛的性格

擁有好奇心和旺盛的挑戰精神的鸚鵡。如果長時間過著安定的生活，可能會尋求新的刺激而做出各種錯誤嘗試。飼主讓牠滿足這樣的好奇心，不但可以充實牠的鳥類生活，也可以消除牠的問題行為。

吃飯！

Point 5 不過，個性卻是保守的

和好奇心旺盛的一面剛好相反，鸚鵡也有個性保守的一面，喜歡從起床到就寢，每天以固定的時刻表生活著。急遽的環境變化可能會帶給鸚鵡壓力，成為問題行為的原因，請注意。

睡覺！

遊戲！

要一直
在一起喲♪

Point 6 最喜歡「在一起」

野生的鸚鵡，是屬於被捕食的獵物。因此會藉由和同伴們一起採取相同的行動來保護性命。飼育下的鸚鵡也擁有相同的習性，模仿飼主會讓牠安心，感覺幸福。

16

四下張望

Point 7 對勢力範圍很執著

和其他的動物一樣，鸚鵡也會決定喜歡的場所做為自己的勢力範圍。由於每天都會在該場所反覆進行固定的行為模式，所以非常在意地盤。對於侵害者會採取攻擊態度，想要將之擊退。

Point 8 記憶力很好

雖然日文中將記憶力不佳的事情戲稱為「鳥頭」，不過和這樣的印象恰恰相反，鸚鵡是記憶力很好的動物。基本上，只要經歷過一次，牠們就會記住一輩子。當然，「僅此一次」的討厭回憶也會牢牢記住，所以在對待時必須充分注意。

Point 10 和人類共同的歷史還很淺

和從西元前就做為人類同伴而有深厚關係的貓狗不同，鸚鵡大概是從200年前，當人類的生活開始寬裕時才開始被人類飼養來做為「興趣」的。在日本，鸚鵡成為人們身邊的存在則是在1950年代後半，所以做為寵物的歷史是很資淺的。

Point 9 必須有「榜樣」和「對手」

群居的鸚鵡會藉由採取和同伴或父母親（＝榜樣）相同的行動而感到安心。另外，群體中如果有「對手」的存在，鸚鵡也會有提高幹勁的傾向。就像這樣，「榜樣」和「對手」是讓鸚鵡湧現安心感和幹勁的重要存在。

要慢慢了解我哦♪

（ 榜樣 ）

單隻飼養時，會以飼主為榜樣。只是，飼主如果經常不在家，鸚鵡也可能會將獨自行動習慣化。

（ 對手 ）

當對手採取某個行動，自己也會採取相同的行動來與之對抗。不過，終究只是同伴間的和平競爭關係。

了解鸚鵡的身體和感覺

擁有為了飛行而特化的身體

為了和心愛的鸚鵡長久一起生活，了解牠們的身體構造和感覺是很重要的。

鳥類的最大特徵就是擁有翅膀，可以自由地飛行。牠們的身體有「為了飛行」而不斷供氧給呼吸器官的「氣囊」，胸大肌極為發達，約佔了全體重的4分之1。此外，為了使身體輕量化，骨骼呈中空狀，消化器官也有特殊的進化。

一般認為鸚鵡的五感和人類很接近。原因或許是因為鸚鵡和人類一樣，都是「晝行性」的動物吧！

羽毛

一般認為約佔了體重10％的羽毛，大致可分為正羽（feather）和綿羽（down）。覆蓋身體的正羽具有彈開水分和飛行的功能；綿羽在正羽之下，有保溫和防水等作用。另外，也會產生稱為脂粉的細微粉末，所以每天的清潔很重要。

飛羽

正羽（feather）的一種，用於飛行。分為「初級飛羽」和「次級飛羽」，「初級飛羽」具有往前推進的作用，「次級飛羽」則負責上升的作用。

尾羽

從尾骨生出的長羽毛。飛行的時候做為方向舵，著陸的時候做為煞車，上升的時候則有保持平衡的功能。

在解說
我們的身體唷！

冠羽

位於頭上，比周遭還要長的羽毛。只有雞尾鸚鵡和葵花鳳頭鸚鵡等「鳳頭鸚鵡科」的鸚鵡才有。

鳥喙

鸚鵡的鳥喙分為上下兩部分，會用下面的鳥喙打開硬物。此外，鸚鵡的鳥喙是性感帶的一部分，用手指刺激的話可能會啟動發情開關，請注意。

對趾足

腳趾的構造。鸚鵡的腳趾有4根，特色是2根朝前，剩餘的2根朝後。因為這個構造，牠們才能夠抓住樹枝和食物等。

大解剖！

鸚鵡擁有許多消化器官！

鸚鵡會將食物整個吞下。因此，為了要消化未經咀嚼的食物而擁有許多消化器官。其中最具特徵的，大概是擁有「前胃」和「後胃」這2個胃吧！另外，為了保持輕量的身體，消化後會立刻排泄掉，所以牠們的腸子較短，也沒有膀胱。

千萬不可小看
我們哪！

視 覺

是人類的 5 ～ 8 倍！

鳥類為了能夠一邊在空中飛行，一邊尋找地上的食物，並且要從遠處發現敵人，所以在五感中以「視覺」最為發達。一般認為，牠們的視力約為人類的5～8倍，能夠一次就掌握到近處和遠處。此外，識別能力也非常高。

耳朵位於眼睛後方

鳥類為了消除在空中飛行時的空氣阻力，並且掌握敵人的行動，必須毫無遺漏地囊括周圍的聲音。因此，牠們並沒有像人類一樣、在外觀上一看就知道的「耳朵」，而是由位於眼睛後方的耳孔來分辨聲音。

來聊個天吧？

可以比人類
看見更多的顏色！

鳥類除了可以辨別人類可辨識的紅、藍、綠「3原色」之外，還能分辨包含紫外線在內的「4原色」。以五彩繽紛的體色為特徵的鸚鵡們，應該也能分辨出各種顏色吧！

閃亮亮 ★

嗅 覺

說鳥兒聞不出味道是騙人的

一般認為嗅覺在鳥類的五感中是比較不發達的。不過，牠們喜歡有味道的飼料，而且抱卵中的蛋如果沾附了自己以外的氣味，親鳥也可能將蛋捨棄，所以應該還是能夠分辨某種程度的氣味吧！

------- 鸚鵡的鼻子 -------

鼻孔被羽毛覆蓋，無法從外觀看到的類型。常見於桃面愛情鳥等原產於多雨地帶的鳥。

鼻孔露出，可以從外觀看到的類型。常見於虎皮鸚鵡或雞尾鸚鵡等原產於乾燥地帶的鳥。

好吃的東西在哪裡呢？

味 覺

可以分辨味道的不同！

鳥類的舌頭並沒有很多感覺味道的細胞，不過在現實上牠們卻有喜歡甜食的傾向，也有自己的好惡，因此看來味覺也相當發達。

觸 覺

對於被摸這件事非常敏感！

從鸚鵡將同伴間互相整理羽毛做為交流手段，或是喜歡被人撫摸這一點來看，可以知道牠們的觸覺是很敏感的。只不過，在感覺氣溫用的溫點和冷點、感覺疼痛用的痛點方面似乎就比較遲鈍。

可以用靈活的腳抓住或拿起東西。

認識鸚鵡的一生

掌握愛鳥的心理和身體的狀態吧！

身體和心理都會成長，漸漸發生變化

鸚鵡的年齡很難從外觀判斷。不過鸚鵡也和其他動物一樣會成長、逐漸上了年紀。

這個時候，心理也會和身體一起成長、變化。例如，對之前喜愛的東西變得不太有反應，或是突然會採取反抗的態度等等。

如果從雛鳥到老鳥都採取相同的對待方式，是無法順利進行下去的。理解這些成長過程，採取配合這些時期的照顧及對待方式，就是飼育時的重點所在。

請先參考左頁的成長日曆，也不一定。

飼養的鸚鵡會以人做為榜樣而長大

飼養下的鸚鵡，無法從父母親或群體中學習到「築巢」、「自立覓食」、「繁殖行為」等行動。因為是在狹窄的行動範圍中，以人做為榜樣而成長，所以成長帶來的變化可能會變得複雜，有時會引發料想不到的問題行為。如果突然出現和平常不同的行為，飼主不妨試著反省自己，或許會找到意想不到的原因在。

反抗期和性成熟期須注意！

和鸚鵡生活時，須注意的是「反抗期」和「性成熟期」。「反抗期」在一生中會出現2次。還有，一旦迎向「性成熟期」，因為發情而出現無法抑制的行為也並不罕見。

要好好陪我哦！

▷ 反抗期

會出現在自我萌芽的「幼鳥」時，以及性成熟來臨的「成鳥・前期」時。由於短暫時間後就會平復，請溫暖地守護牠吧！

▷ 性成熟期

從性成熟的「成鳥・前期」到繁殖期結束的「成鳥・後期」是性成熟期。發情的鸚鵡在荷爾蒙的影響下會變得具有攻擊性。

鸚鵡的成長日曆

時期

初生雛鳥

剛從卵中孵化。在巢箱中由親鳥照顧一切的狀態。還沒有感情和判斷力。

我要吃飯飯♪

小型・中型→到出生後20天
大型→到出生後25天

小型→20天～35天
中型→20天～50天
大型→25天～3個月

需餵餌雛鳥

從巢箱中出來，直到轉換成獨力進食的期間。感情和判斷力萌芽，開始對照顧牠的對象感到「親密」。

幼鳥

從轉換成獨力進食，到雛鳥換羽（更換為成鳥羽毛）的期間。自我萌芽，對同伴間的愛比對親鳥還強烈。

小型→35天～5個月
中型→50天～6個月
大型→3～8個月

小型→5～8個月
中型→6～10個月
大型→8個月～1歲半

未成年鳥

從雛鳥換羽到性成熟來臨的期間。從依賴親鳥的生活，慢慢移行到獨立的生活。是最適合學習「社會性」的時期。

成鳥・前期

從迎向性成熟到繁殖適應期。心理和身體的成長變得容易失衡。想要引人注意，或是變得具有反抗性等，問題行為變多，最好避免無意識地讓牠學習。

小型→8～10個月
中型→10個月～1歲半
大型→1歲半～4歲

小型→10個月～4歲
中型→1歲半～6歲
大型→4～10歲

成鳥・後期

迎向繁殖適應期，是充滿精力的時期。想要加深和同伴之間的愛情，因此問題行為也可能會增加。

刺激只有一點點就好♪

小型→4～8歲
中型→6～10歲
大型→10～15歲

熟成鳥

心理穩定的時期。在每天的生活中用些心思做點小變化，也可以消除因為無聊而引起的問題行為。

悠閒就是幸福♥

小型→8歲以後
中型→10歲以後
大型→15歲以後

老齡鳥

活動力平穩，對新事物興趣缺缺。每天平和過日子就能感到幸福的時期。

了解感情交流的方法！

鸚鵡目錄

大幅介紹23種人氣鸚鵡！只不過，在此介紹的資料僅供參考。
不需過度拘泥於鳥種和顏色，請珍惜「想和牠一起生活」的相遇吧！

人聲和鳥語
我都很厲害喲♪

虎皮鸚鵡 小型

身體色彩鮮艷、眼睛小而圓的可愛虎皮鸚鵡。
大多很會說話，喜歡玩耍也是牠的魅力之一。
絕大部分都與人非常親近、具有社交性格，不
過其中也有個性膽小的個體。

Data

棲息地	澳洲
體 長	約20cm
體 重	約35g
壽 命	8～12年

彼此交流的
point

被稱為「ground forager」，
具有在地面啄土咬草來尋
找食物的習性。不妨試著積
極採用將食物藏在稻草中後
設置在地板上等的foraging
（覓食，P.84）吧！

雞尾鸚鵡 中型

魄力十足的冠羽和橘色的可愛臉頰，讓人印象深刻的雞尾鸚鵡，又稱為玄鳳鸚鵡。性格大多溫和安詳、愛情深厚，所以只要用愛對待，牠就會以愛回報。反過來說，因為大多愛撒嬌黏人，因此必須注意對待方式，以免對人過度依賴。

Data	
棲息地	澳洲
體長	約30㎝
體重	約90g
壽命	13～18年

我臉頰的腮紅很可愛吧 ♥

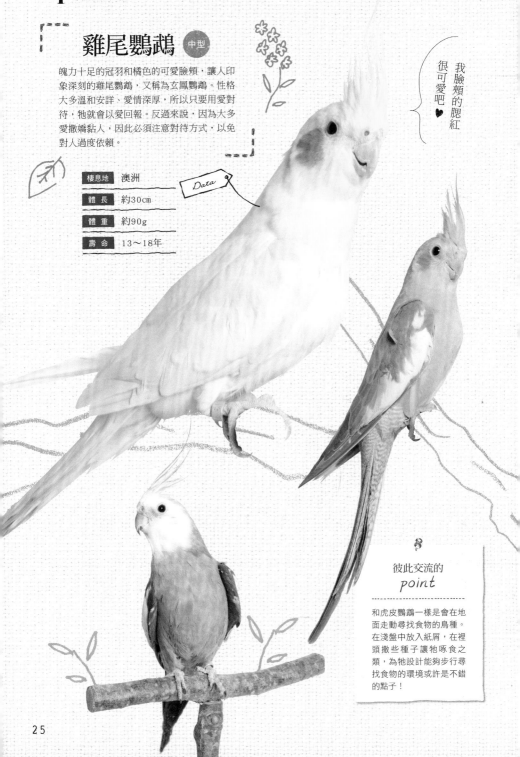

彼此交流的 *point*

和虎皮鸚鵡一樣是會在地面走動尋找食物的鳥種。在淺盤中放入紙屑，在裡頭撒些種子讓牠啄食之類，為牠設計能夠步行尋找食物的環境或許是不錯的點子！

我最喜歡和人
接觸了～♪

桃面愛情鳥 小型

對伴侶愛情深厚，甚至有「愛情鳥」之稱
的桃面愛情鳥。大多喜歡肌膚接觸，和飼
主應該也能建立良好的關係。只不過，對
於妨礙伴侶關係的對象，也有展現其攻擊
性的一面。

Data

棲息地	非洲
體　長	約15cm
體　重	約50g
壽　命	10～13年

彼此交流的
point

愛情鳥非常喜歡鑽入。把
提籠當作隧道，進行「過
來」之類兼做為訓練的遊
戲，應該也能加深感情交
流吧！只不過，必須注意
發情問題。

我最喜歡
同伴了♥

所謂的小型、中型、大型是？

沒有嚴格的標準，是依照體重和體格等來區分的。一般來說，
「小型」大多是指體長在20cm以下，「中型」是體長30cm以
下，「大型」則是指體長超過30cm以上。有身體越大、壽命就越
長的傾向，在大型的大葵花鳳頭鸚鵡中（P.33）已經確認有存活
超過100年的個體。

我是大型
的喲！

牡丹鸚鵡

色調五彩繽紛的羽毛和白色眼線是其特徵。
和桃面愛情鳥一樣，都是被稱為「愛情鳥」
的鳥種，不過體型稍小，個性大多比較內
向。一旦將飼主視為同伴，就會建立起愛情
極為濃厚的關係。

棲息地	非洲
體　長	約14cm
體　重	約40g
壽　命	10～13年

Data

彼此交流的 *point*

和桃面愛情鳥一樣，喜歡
鑽進鑽出的遊戲。只是，
若是為了建立膚觸關係而
讓牠鑽進衣服裡的話，可
能會成為發情的誘因，請
注意。

> 白色眼線是
> 魅力所在！

牡丹鸚鵡的色彩變化

牡丹鸚鵡的色彩變化，和其他的鳥種
在意義上有些差異。相對於其他鳥種
是「同種間的顏色變化」，牡丹鸚鵡
則有4個單獨種，而在單獨種中也有
不同的顏色變化。

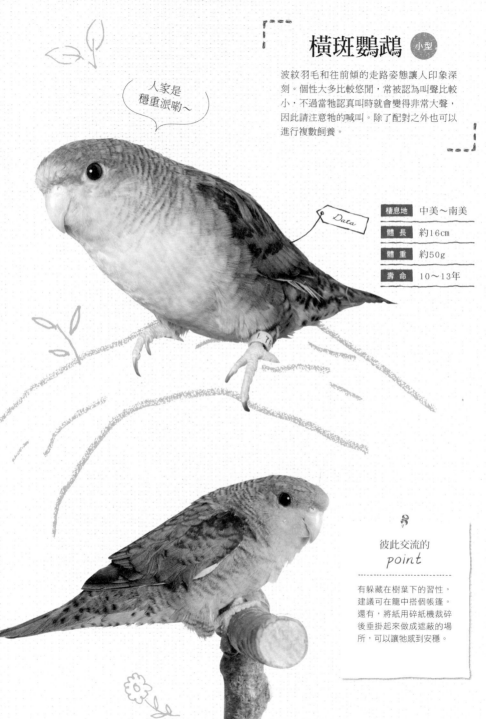

橫斑鸚鵡 <small>小型</small>

波紋羽毛和往前傾的走路姿態讓人印象深刻。個性大多比較悠閒，常被認為叫聲比較小，不過當牠認真叫時就會變得非常大聲，因此請注意牠的喊叫。除了配對之外也可以進行複數飼養。

人家是
穩重派啾～

Data	
棲息地	中美～南美
體　長	約16cm
體　重	約50g
壽　命	10～13年

彼此交流的
point

有躲藏在樹葉下的習性，建議可在籠中搭個帳篷。還有，將紙用碎紙機裁碎後垂掛起來做成遮蔽的場所，可以讓牠感到安穩。

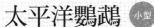

太平洋鸚鵡 小型

大小可以一手掌握的太平洋鸚鵡。身體雖小卻非常有活力，會吃又會玩。另外，和可愛的外觀不一致的是，牠的咬力非常強，所以必須注意和同居動物的接觸。

> 調皮、充滿活力！

彼此交流的 *point*

在野生狀態下，有啃咬樹木加以破壞的力量，所以能夠讓牠發洩力氣的玩具是不可或缺的。

Data

棲息地	厄瓜多、祕魯
體 長	約13cm
體 重	約33g
壽 命	10～13年

> 個性溫和，最喜歡人了♥

伯克氏鸚鵡 小型

圓滾滾的眼睛和可愛的叫聲很吸引人的伯克氏鸚鵡。非常喜歡人，大多是性格溫和的個體，對飼主應該也會很親近吧！即使是初次飼養者，也很容易養育成「手乘鸚鵡」，非常推薦飼養。

Data

棲息地	澳洲
體 長	約19cm
體 重	約50g
壽 命	8～12年

彼此交流的 *point*

溫和、膽小的性格，很容易將飼主當作是自己的唯一（P.57）。請善加使用獎勵品，讓牠能夠不害怕地和任何人進行感情交流吧！

充滿活力，
喜歡說話！

和尚鸚鵡 中型

個性活潑，擅長說話。在鸚鵡中，少見地
會在樹上編織小樹枝來築巢育兒。此外，
也是比較容易擁有地盤意識的類型。

棲息地	阿根廷、玻利維亞
體　長	約29㎝
體　重	約150g
壽　命	15～20年

棲息地	巴西、祕魯
體　長	約28㎝
體　重	約250g
壽　命	約25年

要慢慢相處哦♪

藍頭鸚鵡 中型

從頭部到胸部一帶的鮮豔藍色讓人印象深
刻。對飼主會敞開心胸地撒嬌，對陌生人卻
有神經質的一面。乍看之下似乎缺乏喜怒哀
樂的表現，但是相處越久就越能察覺牠豐富
的感情。

我可是月輪鸚鵡舞
的高手哦♪

棲息地	印度南部、斯里蘭卡
體　長	約40㎝
體　重	約110g
壽　命	30年

紅領綠鸚鵡（月輪鸚鵡） 中型

滑稽的動作很受人喜愛，被稱為「月輪鸚鵡
舞」。喜歡說話，也會記住詞彙，不過叫聲
頗大，有稍微神經質的一面。變成興奮狀態
時，瞳孔會收縮，出現黑眼珠變成一點的
「eye pinning」。

我最～喜歡
快樂的事了！

白腹凱克鸚鵡 中型

個性活潑頑皮，好奇心旺盛，非常喜歡惡作
劇和啄咬。偶爾會自己找出快樂的遊戲，也
可能會嘗試各種方法來引人注意！

Data	
棲息地	巴西
體 長	約23cm
體 重	約150g
壽 命	約25年

最喜歡跟人一起玩！

Data	
棲息地	巴西
體 長	約25cm
體 重	約65g
壽 命	13～18年

錐尾鸚鵡 中型

擁有色調美麗的羽毛。最喜歡快樂的事，對
人應該也會很親近。有翻過來露出肚子睡覺
等詼諧的一面。另外，因為容易亂咬東西，
所以必須教導牠不可以啄咬人的手等等。

Data	
棲息地	澳洲
體 長	30～33cm
體 重	100～135g
壽 命	約25年

愛吃甜食且
色彩鮮艷♪

彩虹吸蜜鸚鵡 中型

個性開朗、富有社交性，大多是積極好動
的個體。特徵是以花蜜和水果為主食，身
體的色調鮮艷。叫聲很尖銳，請徹底做好
隔音對策。

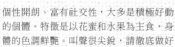

非洲灰鸚鵡 大型

大多是極為聰明、性格纖細且溫和乖巧的個體。很會說話，鳥類同伴自不待言，即便是和人類之間的對話，有些鸚鵡也能配合TPO選擇用語或是隨聲附和。

興趣就是觀察飼主！

棲息地	非洲、幾內亞
體　長	約33cm
體　重	約400g
壽　命	約50年

Data

粉紅鳳頭鸚鵡 大型

非常喜歡肌膚接觸，有些會非常親近人，所以最好不要讓牠過度依賴人。鳥喙的力道很強，在野生狀態下甚至能夠剝離樹皮，導致樹木乾枯。容易肥胖，所以要有意識地讓牠運動，注意餵食的分量。

要注意避免過度肥胖哦！

Data

棲息地	澳洲
體　長	約35cm
體　重	約345g
壽　命	約40年

32

大葵花鳳頭鸚鵡 大型

全白的身體和黃色的冠羽為特徵。非常聰明，大多很喜歡人，能夠樂在其中地學習說話和各種才藝表演。在飼養狀態下，甚至有活了100年的案例，屬於長壽鳥種。早晚的大叫有如每天的功課，所以避免讓牠發展成喊叫是很重要的。

> 黃色的冠羽是魅力所在！

> 模仿是我的專長！

Data	
棲息地	澳洲
體長	約50cm
體重	880g
壽命	約40年

Data	
棲息地	中美～南美
體長	約35cm
體重	約450g
壽命	50～60年

黃冠亞馬遜鸚鵡 大型

大多是性格溫順、落落大方的個體。喜歡模仿，尤其擅長模仿聲音和唱歌。魅力點是額頭上彷彿戴著帽子的黃色部分。

> 人家最愛撒嬌了～

Data	
棲息地	印尼
體長	約46cm
體重	400～800g
壽命	約40年

大白鳳頭鸚鵡 大型

尺寸比大葵花鳳頭鸚鵡稍小，全白的羽毛是魅力所在。脂粉多。請定期讓牠做水浴或日光浴。也要給予玩具之類的，讓牠可以自己玩，以有效紓解過剩的精力。

藍黃金剛鸚鵡 大型

棲息地	巴拿馬、南美
體 長	約86cm
體 重	約1000g
壽 命	約60年

Data

容易跟人親近，活潑開朗又調皮。也有反覆無常的一面。咬勁非常強，所以訓練極為重要。此外，聲音低沉，有如地鳴一般，所以隔音對策也是必要的。

我的咬勁可是很強的喲！

好像戴著藍色帽子一樣♥

藍頂亞馬遜鸚鵡 大型

身體的基本色調為綠色，鼻子上僅有的藍色則為重點。有些會說話或模仿電子音等，有些則比較怕生，不過只要打開心房，就會顯現出各式各樣的表情。

Data

棲息地	南美
體 長	約35cm
體 重	約400g
壽 命	約40年

性別一目瞭然！

折衷鸚鵡 大型

特徵是雄鳥身體為綠色，雌鳥身體則為紅色。性格也因性別而異，雄鳥大多悠然自得，雌鳥則多為開朗有活力的個體，不過兩者皆擁有稍微纖細的一面。

Data

棲息地	印尼東部
體長	約35cm
體重	約500g
壽命	約40年

在家裡我就是老大。

海角鸚鵡 大型

大大的鳥喙和柔和的眼神極具魅力。擁有溫順乖巧、我行我素的性格。聰明且非常靈活，所以也有擅長說話的個體。搖頭擺尾的走路姿態非常可愛。

Data

棲息地	非洲南部、中部
體長	約32cm
體重	約320g
壽命	約35年

棲息地	澳洲
體長	約40cm
體重	約600g
壽命	約40年

長得就像天狗一樣♪

長嘴鳳頭鸚鵡 大型

個性較為神經質、害怕寂寞。最喜歡跟人一起玩。此外，頭腦很好，記憶力超群。有時也會出現大叫聲，請注意。

和中型、大型的鳥一起生活

一定要有正確的知識喲！

以正確的知識和牠相處是很重要的

鸚鵡，中型、大型鳥兒的撒嬌咬人可就不是單純的撒嬌咬人了；也不能說因為被咬了，就認為「因為體型大所以打牠也沒關係」。這在小型鳥也是如此，體罰會一下子就讓信賴關係崩壞。一起生活時，需要的不是給予處罰，而是要以適當的方法教導牠「可以做什麼（期望的行為）」、「不可以做什麼（非期望的行為）」。

有些人大概會想帶中型、大型鸚鵡回家吧！不過，和這些鳥兒一起生活時，卻可能會遭遇光憑「愛情」也無法解決問題的場面。所以，飼主的正確知識是必不可少的。隨便便地帶牠回家，不管是鸚鵡還是飼主都不會快樂的……。

例如，不同於小型

整理好環境後再帶牠回家

要仔細考慮哦！

帶鸚鵡回家時，請從叫聲的大小和破壞力、籠子大小和飼料費、醫療費等所有方面，仔細思考是否真的能夠帶牠回家再下定決心。此外，為了滿足牠過多的精力和知性上的好奇心，必須對籠內的佈置花費心思，也要讓牠在籠外玩耍。因此，飼主能否花費工夫在鳥的身上

也是重點所在。

藉由學會正確的知識和適當的相處方法，和能夠長久相伴的鳥兒建立良好的關係，如此一來，或許就能成為一生中最好的伴侶了！

鸚鵡的訓練和遊戲

使用獎勵品來進行訓練

為什麼必須要訓練……

鸚鵡四周的環境，全部都是由飼主一手打造的。飼主的一個動作，可能會讓鸚鵡歡天喜地，反之，也可能會帶給牠壓力。

鸚鵡和人在一起生活時，重要的是互相學習，建立對等的關係。因此，訓練是不可欠缺的。

「要讓牠訓練什麼的，好可憐哦！」──或許有些飼主會這麼想。其實，對人而言的訓練，對鸚鵡來說只不過是和飼主一起進行的、使用頭腦和身體的交流而已，也就是遊戲。只要飼主擁有正確的知識，就能夠讓鸚鵡快樂一生。此外，訓練也是尊重鸚鵡本性、豐富鳥兒生活的助力。

從44頁開始會介紹「手乘」、「過來」、「回到籠子裡」、「測量體重」的訓練。這些全都是根據應用行為分析學，稱為「Positive reinforcement（正強化／獎勵訓練）」的訓練方法。也可以藉此知道愛鳥在想什麼、什麼事情會讓牠感到高興等等，大幅拉近鳥兒和飼主的距離。任何一種訓練都需要訣竅，但只要以愛牠的心來進行，就絕對不困難。請以讓鸚鵡和飼主更加親密、感覺舒適的關係為目標，試著挑戰看看吧！

是獎勵品，好高興哦～！

獎勵訓練的要領

找出鸚鵡喜愛的獎勵品吧！

（ 遊戲 ）

對鸚鵡來說，獎勵品不只是食物而已。和牠一起玩也是很好的獎賞。

➡ 詳細請看 P.66

（ 食物 ）

不是平常給予的正餐，而是在特殊時刻給予牠最愛的零食，做為獎勵品也非常有效的。

① 快樂地進行

雖說是訓練，卻不是要強迫鸚鵡。就算想強迫牠學習，鸚鵡也不吃這一套。不論是飼主還是鸚鵡，訓練時都要以快樂為前提來進行。

② 擁有一貫性

所謂訓練，就是建立飼主和鸚鵡的規則。「昨天明明受到稱讚，今天卻被罵了！」──這樣會讓鸚鵡摸不著頭緒。一旦決定好規則，就不要隨便破壞。

③ 用稱讚讓牠進步！

訓練成功的時候，先稱讚然後給予獎勵品是很重要的。反之，失敗的時候不可以斥罵。這時，無關話語含意為何，鸚鵡都會把來自飼主的反應（斥罵）認為是獎勵。

➡ 詳細請看 P.53

訓練中不可以做的事 ✕

Case 1 **拍手**

對人來說是稱讚的行為，不過有些鸚鵡卻會對聲音和飼主的大動作感到害怕。

Case 2 **聲援**

雖然想要叫喚鸚鵡的名字，或是對牠說「加油！」般地聲援，但在訓練時這麼做的話，會分散鸚鵡的注意力。

Case 3 **招手**

像是「過來」的手勢之類，在眼前大幅揮手的動作，對鸚鵡來說可能會讓牠覺得害怕。

Case 4 **途中稱讚**

在訓練的途中稱讚的話，鸚鵡會就此感到滿足。還是等到訓練好好完成之後再稱讚吧！

這樣做可不行嘞！

獎勵品的使用方法是關鍵。

請找出只要看到就會
讓我小雀躍的東西吧！

▷▷▶ 食物

如果是最喜歡吃東西的鸚鵡，
獎勵訓練會比較容易進行。先
觀察在食物中牠特別喜歡的東
西吧！

> **POINT**
> 一看到該食物鸚鵡就會變得高興，或是做
> 出小雀躍的動作，這樣的東西最適合做為
> 獎勵品。

獎勵品的
種類

「獎勵品」就是指報酬。
一起來找出「零食」或「玩具」之類
最讓鸚鵡高興的東西吧！

▷▷▶ 飼主的反應

例如，如果是喜歡搔撓的鸚鵡就可以「搔搔
牠」；如果喜歡人家對牠說話的鸚鵡就「對
牠說話」等等，飼主這些會讓鸚鵡感到歡喜
的反應，也是一種很棒的獎勵品。

> **POINT**
> 在訓練時，很容易一不小心就對牠搔頭或
> 說話。請注意必須在牠完成某個行動後才
> 能對牠做這些事。

撫撫摸摸

搔撓搔撓

對牠說話

▷▷▶ 遊戲

有喜歡鈴鐺的個體，也有喜歡鏡子的個體，
不同的鸚鵡各有不同的喜好。請先觀察鸚鵡
對什麼有興趣吧！

> **POINT**
> 就算只針對特定的玩具顯示攻擊性，也不
> 要以為牠不喜歡！也有可能是非常喜歡該
> 玩具的。

➡ 詳細請看 P.70

40

價值是什麼？？

獎勵品的價值

1 區分等級

獎勵品請依照鸚鵡喜愛的程度準備數種，分別使用。備有好幾種候補，當鸚鵡厭膩的時候，下一個等級的獎勵品就會變得有效。

最喜歡的玩具　最愛吃的食物

↓　　↓

喜歡的玩具　愛吃的食物

↓　　↓

平常玩的玩具　平常吃的食物

3 不要放入平常用的飼料盒中

將獎勵品放進平常用的飼料盒中，該獎勵品就會變得沒有價值。要給予獎勵品，只在「完成這件事！」的時候。

就是平常吃的飯飯……

2 考慮進行訓練的時機

給予獎勵品的時機，是在剛剛完成目標行動之後。如果超過3秒鐘，鸚鵡就不明白為什麼會受到獎勵了。

找不出獎勵品的時候……

困難的是對吃沒有興趣的鸚鵡。請試著觀察玩具中有沒有讓牠感興趣的東西，或是給予各種材質的玩具，觀察牠有什麼反應？

塑膠製品

繩子

木頭

肚子飽飽的時候，價值就降低了喲！

▷▷▷ 不用每天進行也無妨

不需要決定好「每天○次」、「一次○分鐘」之類。在能夠做的時候反覆進行才是關鍵。不要覺得是義務,而是飼主本身也要樂在其中地進行。

POINT

當天訓練的結束時刻,要在鸚鵡感覺厭膩之前。在鸚鵡的反應變遲鈍之前,尚處於絕佳狀況的時機就是停止的最佳時刻!

獎勵訓練的
重點

只要確實掌握重點,
訓練本身並不困難。
總而言之,就是實踐而已!

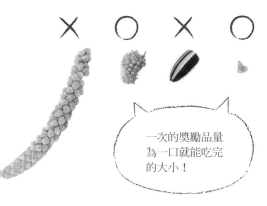

一次的獎勵品量
為一口就能吃完
的大小!

▷▷▷ 將獎勵品分成小份

獎勵品是食物時,如果一次的量很多的話,肚子會很快飽足,也會拖延訓練的時間。一次獎勵品的量,最好是一口就能吞下的分量!

POINT

一次獎勵品的理想分量,大約為雞尾鸚鵡鼻孔的大小。最好在訓練開始之前就預先細分好。

▷▷▷ 剛開始要在
固定的場所進行

初次進行訓練時,要先選擇好場所再開始!選擇鸚鵡在家中可以放鬆的場所,在牠習慣之前,請在該場所反覆進行練習。

POINT

固定好場所,該場所就會變成對鸚鵡而言的「開始訓練的開關」。

訓練開始了♪

等鸚鵡習慣了在最初決定好的場所進行訓練後,就可以漸漸將訓練場所的範圍擴及家中其他地方,變成在任何地方都能進行。

▷▷▶ 依照目的
改變獎勵品

訓練如果順利,就不需要改變獎勵品;但如果無法順利進行時,給予珍貴的獎勵品就會大大有效。

▷▷▶ 失敗結束也無妨

訓練無法達成也沒關係。如果因此無法獲得獎勵品,鸚鵡就會思考「為什麼無法得到?」而在下一次繼續努力。

POINT
讓鸚鵡自己思考「採取怎樣的行動才會有好事(=獎勵品)發生」也是很重要的。

過來!

我才不去!

失敗

為什麼沒有
獎勵品?

降低效果的打賞法 ✕

Case 1 沒有成功還給予零食

沒有成功還能獲得零食,會降低獎勵品的效果,變得無法達成目標行動。

Case 2 沒有做到仍然對牠說話

沒有做到卻還是稱讚牠或是鼓勵牠,會導致鸚鵡誤以為「這樣就好了」。失敗後請忍住不要對牠說話!

▷▷▶ 之後可以慢慢地
減少零食

學會行動後,就算沒有獎勵品鸚鵡也能做出各種行動,所以請慢慢地減少零食。過度給予零食也會成為肥胖的原因。

偶爾給點就可以了!

01

手乘
Training

第一個希望牠學會的
訓練就是這個！

第一個希望鸚鵡學會的是和飼主之間的基本交流──「手乘訓練」。如果可以學會這個，飼主和鸚鵡之間的距離一定可以大幅拉近。

在此使用零食做為獎勵品，以「受到零食引誘靠近後，就停在飼主的手上了！」的方法，讓牠逐漸習慣。絕對禁止以強迫的方式進行，以免讓牠覺得人的手是可怕的東西。

1 從遠處叫牠

獎勵品的放置處

從稍遠一點的地方，用單手讓牠看見獎勵品，另一隻手則咚咚地輕敲地面。如果能夠連同輕敲的信號一起學會的話，就算沒有獎勵品，也能因為這個信號而過來。獎勵品的放置處要分成幾個階段往後移動。

2 逐漸往手的方向誘導

手要放在比鸚鵡高的位置

用拿獎勵品的手，慢慢地將鸚鵡往乘坐手的方向進行誘導。當鸚鵡來到乘坐手的近處後，兩手就要停止移動。

3 給予獎勵品

在訓練初期，只要鸚鵡走近幾步，就要給予獎勵品，分成幾個階段來進行。習慣訓練後，就要等牠來到手上時才給予獎勵品。就算已經乘坐在手上了，也要注意不可以立刻就離開。

害怕人的手時……

鸚鵡如果還害怕飼主的手，就表示還沒到開始手乘訓練的時期。先從隔著籠子用手給予零食開始吧！

➡ 詳細請看 P.55

44

02

過來
Training

學會「過來」就能大幅減少壓力

如果學會「過來」，萬一放鳥時鸚鵡去到飼主不希望牠去的場所時，就能輕易地將牠喚回。要牠返回籠子時，也不用到處追捕，不管是對鸚鵡還是對人來說，都能減輕壓力，是一定要學會的訓練。

先從近處開始，讓牠把人的手視為棲木的延長，試著呼喚牠到手上吧！

從近處開始① 〔棲木 ⟷ 人〕

---

❶ 將手附在棲木上

手的形狀不限

把讓鸚鵡停駐的手附在棲木上。可以將手指當作棲木的延長，也可以將手臂靠在棲木上，採取不會讓鸚鵡感到害怕的方法！

❷ 呼喚牠「過來」

過來！

將拿著獎勵品的手給鸚鵡看，一邊呼喚牠「過來」。也可以一邊說「過來」，一邊用手咚咚地敲棲木做為信號。

❸ 靜靜等待

獎勵品

靜靜等待鸚鵡對「過來」的聲音做出反應後靠近。這個時候，要注意附在棲木上的手不要有動作。

❹ 給予獎勵品

當鸚鵡來到手上後就給予獎勵品。等到熟練後，就能以「過來」的信號讓牠過來了。就算鸚鵡上手了也不要立刻移動，等到牠能毫無抗拒地上來後，再一點一點地移動。

POINT
如果經過10秒鐘後鸚鵡還沒有靠過來，就要將手撤離。把獎勵品的位置拉近鸚鵡，再度從 ❷ 開始挑戰！

1 人要站立在棲木的兩側

這是由2人進行「過來」的訓練，也有讓牠熟悉家人的意義在內。人在棲木的兩側站好後就可以開始了！

2 一側的人呼喚鸚鵡

由一側的人呼喚鸚鵡「過來」。這個時候也可以敲擊棲木以做為信號。

3 給予獎勵品

搔搔頭

只要鸚鵡一靠近，就要給予獎勵品。上圖是不用食物而改以「搔頭」做為獎賞。

4 改由另一側的人呼喚

給完獎勵品後，由另一側的人和 2 同樣地呼喚鸚鵡。反覆數次進行訓練。注意避免想要加以鼓勵地同時從兩側發出呼喚聲，或是叫牠的名字。

> **POINT**
> 當獎勵品是食物的時候，請沒有呼喚鸚鵡的人要將獎勵品藏好不要讓牠看見。

1 將手靠近鸚鵡後呼喚

手伸出的位置是關鍵

這是讓鸚鵡對其他人的「過來」做出回應的訓練。一邊說「過來」一邊伸出手。這時的重點是，呼喚者的手要比鸚鵡的腳稍微高一些。

2 給予獎勵品

呼喚者的手保持不動地等待，如果鸚鵡上來了，就給予獎勵品。要注意的是，鸚鵡上來後，不要立刻就把手移開，好讓鸚鵡能隨意選擇是否要返回。

---------------------------- 從遠處開始〔人 ⟺ 人〕 ----------------------------

1 從近處開始

一下子就想從遠處進行「過來」是行不通的。請先熟練右頁下方的「從近處開始」的「過來」。

> **POINT**
> 熟練近距離的「過來」後，再從拉遠一步的地方挑戰「過來」。逐漸拉開距離。

2 呼喚「過來」的人要準備好獎勵品

呼喚的人要讓鸚鵡看見手上的獎勵品，然後說「過來」。一邊讓牠看見獎勵品（食物、玩具等）地進行呼喚，效果比較好。上圖是喜歡布的鸚鵡的情況。

3 如果飛來了就給獎勵品

身上停著鸚鵡的人直到鸚鵡起飛前都要注意保持不動。如果能夠飛到呼喚者處停下，就要給予獎勵品。慢慢地拉開距離，反覆數次進行訓練。

成功！

飛行訓練可以給予鸚鵡飛行的動機，是容易運動不足的飼養鳥一定要採用的遊戲。

最喜歡大家了♥

全家都來做訓練，可以預防「唯一」的問題

有同住的家人時，如果只由特定的人來做訓練，鸚鵡就有陷入稱為「Only One（唯一，P.57）」狀態的危險。雖然一個人也能夠進行訓練，不過若有家人在，請務必試試P.46～47的訓練，製造鸚鵡和全家人親近的機會。

03

回到籠子・
提籠
Training

讓鸚鵡認為籠子裡
也是快樂的場所

不回籠子的理由非常單純。因為對鸚鵡來說，籠子裡很無聊，還沒有認知到那是可以安心的場所。也就是說，僅讓牠學會乖乖回籠的方法是不夠的。從鸚鵡待在籠子裡的平日開始，就要注意「讓牠覺得籠內是快樂的」。

此外，這個訓練請在學會45頁的「過來」之後再進行。

-------- 讓牠回到提籠時 --------

① 使用獎勵品呼喚牠

和回到籠子的情況一樣，以「過來」誘導牠到提籠附近。剛開始時，只要前進幾步就要給予獎勵品，避免形成看得見吃不著的狀態。

成功！

進來裡面也有獎勵品！

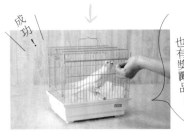

害怕提籠時……

先讓提籠成為牠看慣的物品。請經常放置在鸚鵡看得到的地方。飼主要頻繁碰觸提籠，從緩和鸚鵡的恐懼心理開始。等到牠不害怕後，就可做為平常的遊戲場使用。

-------- 讓牠回到籠子時 --------

① 在籠子附近說「過來」

獎勵品的放置處

先在籠子附近使用獎勵品讓牠靠近。在籠子的上面或旁邊進行「過來」，一點一點地誘導牠到籠子的入口處。獎勵品的放置處要分成幾個階段來移動。

② 門暫時不關閉

鸚鵡進入籠內後，就要給予獎勵品。飼主不要立刻走開，籠門保持打開在籠內呼喚牠「過來」，或是給牠搔搔頭。

POINT
如果平日就隔著籠子呼喚牠「過來」，或是給牠零食的話，鸚鵡就會將籠內認知為快樂的場所。

04

測量體重
Training

先讓牠看慣體重計

測量體重進行健康管理，在守護鸚鵡的健康上是非常重要的事。只是，看不慣體重計的鸚鵡總是會抱持警戒心，遲遲難以靠近。請藉由訓練，讓牠習慣體重計吧！

將鸚鵡強行抓到體重計上，會招來牠對飼主的不信任感。所以重點在於要進行誘導，讓鸚鵡自己乘坐到體重計上。

\簡單/

-------- 只用體重計測量時 --------

① 從遠處誘導

獎勵品的放置處

如果是不怕體重計的鸚鵡，就以「過來」的要領誘導牠到體重計上。這時，不能因為鸚鵡不靠近體重計，就將體重計移到鸚鵡附近。

↓

② 上來了就給予獎勵品

做到了！

如果鸚鵡出現慢慢靠近體重計的模樣，就靜靜地等待。等牠能夠乘坐到體重計上，就給予獎勵品。

-------- 使用棲木時 --------

① 將棲木放在體重計上

很難讓鸚鵡待在體重計上時，連同棲木一起測量會比較簡單。不過，若是看不慣棲木的鸚鵡，就要如同P.48的「害怕提籠時……」一樣，從讓牠看習慣開始。體重計建議使用可以0.1g為單位測量的廚房用秤。

↓

② 讓鸚鵡待在棲木上

OK！

讓鸚鵡乘坐在手上後，將牠帶到棲木附近。以「過來」的要領，悄悄地誘導牠到棲木上。

如何減少不希望牠做的行為？

鸚鵡並不是想找飼主的麻煩

「我家的鸚鵡又會咬人又會喊叫的，有很多讓人傷腦筋的行為。」——有這些煩惱的飼主大概很多吧！其實，鸚鵡並不是為了要讓飼主困擾才做出那些行為的。那麼，這麼做的原因又是什麼呢？那是因為這些行為對鸚鵡來說是能得到好處的。

舉個例，來看看會咬飼主手的鸚鵡吧！在被咬的瞬間，飼主會發出「好痛！」的聲音，於是鸚鵡就會認為「飼主有反應了」。因為飼主有反應讓牠很高興，覺得是很好的經驗，所以就變成會反覆咬人了。就像這樣，大多數的惱人行為，都是鸚鵡為了引起飼主的注意而採取的行動中，最能獲得飼主出聲說話或是引起注意的事＝「（就結果上來說）非期望的行為」。

我們往往會在不知不覺中將焦點放在鸚鵡的行為本身，其實在行為之前，還存在著鸚鵡想頻繁進行該行為的經驗和動機。應用行為分析學的基礎概念，就是使這個經驗和動機發生變化，以減少非期望的行為。

〈 鸚鵡的行為和賦予動機 〉

討厭的、無趣的事情	喜歡的事情
・複雜的事	・簡單的事
・不好玩的事	・好玩的事
・受到漠視的事	・受到注目的事

對自己（鸚鵡）來說沒有好處	對自己（鸚鵡）來說有好處

很簡單囉！

減少惱人行為的方法

鸚鵡的行為，不能僅以單體來思考。所謂的行為，一定有成為動機的「事前狀況」，以及「行動」後引起的「結果」。由這3項來進行思考，就稱為「機能性評價（ABC PROCESS）」。

事前狀況 ANTECEDENTS	行動 BEHAVIOR	結果 CONSEQUENCE
鸚鵡行為的直接肇因。	指 A 的狀況後鸚鵡採取的行為。	鸚鵡做了 B 的行為後所獲得的經驗。如果是無趣的經驗，就會逐漸減少 B 的行為。

例 打翻飼料盒的鸚鵡

A ⟶ B ⟶ C

將飼料盒裝設在籠子上　　　打翻飼料盒　　　飼主的反應

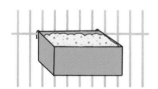 

① 沒有反應
② 看向這邊
③ 斥罵
④ 走過來

②～④的行為，對鸚鵡來說可能會成為有好處的經驗。因為做了 B，就有 C 的好處，所以會變得越來越常採取 B 的行為。反之，如果飼主沒有反應的話，鸚鵡就會學習到「打翻飼料盒＝不好玩的事（沒有好處）」，於是該行為的出現機率就會逐漸減少了。

要用鸚鵡的角度來思考喔！

即使如此還是做出惱人行為時

是在稱讚？
還是生氣？

以鸚鵡的角度來思考獎賞

就像在 50～51 頁中所說的一般，鸚鵡做出問題行為時的飼主反應，會決定鸚鵡之後的行為。必須注意的是，人所認為的處罰或獎賞，對鸚鵡來說可能不見得是處罰或獎賞。

做為處理問題行為時的「斥罵」、「噴水」等，應該是飼主認為「鸚鵡不喜歡」才採取的處罰方式吧？當下或許會讓鸚鵡停止該行為。不過，飼主當作是處罰而採取的這些行為，就鸚鵡來看，也可能會成為獲得飼主反應的獎賞。這樣的認知偏差，可能會增長鸚鵡的問題行為。

會增長惱人行為的應對方式 ✕

〈 前提 〉制定規則，持續進行

對於問題行為，昨天漠視，今天卻加以斥罵……這樣會讓鸚鵡搞不清楚狀況。包含家人在內，大家的應對方式都要一致哦！

Case 1　吹氣

雖然是暫時制止鸚鵡行為的方法，不過有些鸚鵡也會認為是遊戲。

Case 2　揮手

被咬時往往會出現這個動作。有些鸚鵡會對這樣的反應感到好玩，也有些鸚鵡對手部動作感到害怕，而對飼主產生警戒。

Case 3　低聲斥罵

就算低聲罵牠「不行！」，鸚鵡也無法理解正受到斥罵。如果發出低聲罵卻沒有效果時，只能說是白費工夫了！

Case 4　呼喚名字

不可以一邊斥罵、一邊「小皮！」地叫牠的名字。鸚鵡可能會對名字有反應而高興，或是變得討厭自己的名字。

「我家的鸚鵡全是問題行為，根本沒辦法稱讚！」——或許也有這麼想的飼主。

這是因為，人往往會不知不覺地只意識到什麼時候斥罵了，而當鸚鵡乖巧安靜的時候，則會想著就讓牠靜靜待著吧！然而，對鸚鵡來說，或許會因為飼主的不加稱讚，想要多少引起一點注意而發生問題行為。

當發生問題行為的時候，不僅要徹底做到毫無反應，同時也要在鸚鵡什麼都沒做的時候給予稱讚。例如會咬人的鸚鵡，如果把手靠近時沒有咬人，就要給予零食之類的做為稱讚。於是，鸚鵡就會學習到「不咬人就可以得到零食」的經驗，漸漸減少咬人的行為。

做了好行為時的稱讚方法

只要仔細觀察，日常生活中應該也有很多稱讚鸚鵡的時機！
多加稱讚，讓鸚鵡累積愉快的經驗，彼此的關係也會變得更好。

—— **例** 打翻飼料盒的鸚鵡 ——

A　　　　　　**B**　　　　　　**C**

將飼料盒裝設在籠子上　→　打翻飼料盒　→　沒有反應

〔飼主的反應〕

好棒哦～

好吃嗎？

OR

沒有打翻地進食　→　對自己說話了

〔飼主的反應〕

要好好稱讚啊！

進食時如果沒有打翻飼料盒，請做出對牠說話之類的反應。鸚鵡會對飼主的反應感到高興，而變得經常做出該行為。這是因為對鸚鵡來說，來自飼主的反應就等同「受到稱讚」。反之，「不行！」之類的斥責語言，也同樣會讓鸚鵡覺得「受到稱讚、引起注意了！」所以必須多加注意。

萬一失去了信賴關係……

想要取回信賴關係必須要有耐性

如果鸚鵡會避開飼主的手，或是採取威嚇行為的話，原因可能是鸚鵡已經無法信賴飼主了。如此一來，想要再度縮短距離，並不是件容易的事。

雖說失去信賴的肇因不一而足，但大多可藉由飼主的觀察來加以預防。

【信賴關係崩壞的肇因】

✓ 對反抗期的鸚鵡糾纏不休

✓ 一直搔撓個不停

✓ 沒有察覺牠的厭惡，拍打身體之類的體罰

✓ 硬要抓牠

不過，有時就算留意了，卻還是會因不可抗力的因素而傷害到鸚鵡。萬一變成這樣時，請不要認為「時間一久應該就會解決吧！」，因為人和鸚鵡之間的信賴關係，若是放著不管是絕對不會好轉的。

想要取回鸚鵡的信賴，就要一邊使用獎勵品，一邊花時間進行訓練，好讓鸚鵡慢慢習慣原本討厭的飼主的雙手。

要在一朝一夕間取回信賴是很困難的，但只要有耐性地努力，應該就能慢慢縮短距離。就算沒有很快出現結果，也要不急不躁地持續進行。

> 反抗期是順利成長的證明嘔！

何謂鸚鵡的反抗期？

雖然叫做「反抗期」，卻不是反抗飼主的意思，而是每隻鳥兒都一定會經歷的成長證明。反抗期共有2次。

▷ 自我萌芽期

約在1歲左右。從別人對牠做什麼都懵懵懂懂的狀態，變成會明確表達自己的意思。

➡ 詳細請看P.22

▷ 性成熟期

迎向性成熟，變得無法控制感情。大型鸚鵡的性格可能會大大轉變。

如何度過反抗期？

一旦進入反抗期，有些以前願意讓你摸的鸚鵡，現在可能會變得不願意被摸或是具有攻擊性。這時，請尊重鸚鵡的心情，不要糾纏不清地對待牠。請大方地守護牠吧！

在反抗期中，只有鸚鵡過來表示「摸我！」的時候才能摸牠。當牠低著頭走過來時，就是「摸我」的信號。

再次打好關係吧！

取回信賴關係的方法

這是和獎勵品產生連結，讓牠學習到原本厭惡的飼主的手並不可怕的方法。只要牠願意向飼主靠近一步，就要認為是一種進步，輕鬆自在地持續下去吧！

① 隔著籠子，讓牠看到獎勵品

先隔著籠子讓牠看到獎勵品。這個時候，拿獎勵品的手請不要動。

② 如果不過來，就將獎勵品放入飼料盒中

如果鸚鵡沒有反應，就將獎勵品放入飼料盒中，然後走開。絕對不能糾纏不清。反覆這樣做，讓鸚鵡產生「那個人出現＝獎勵品」的印象。

> **POINT**
> 離去後，如果鸚鵡吃掉飼料盒中的獎勵品，就可以算成功了。從給牠看獎勵品到走開的時間，大致上以5～10秒為理想。

③ 漸漸縮短走開的距離

將走開的距離慢慢地縮短為5公尺、3公尺。一直持續到鸚鵡會在飼主前面吃飼料盒中的獎勵品為止。如果能夠這樣，就可以試試隔著籠子給牠獎勵品了。

> **POINT**
> 做到 ③ 之後，就可以在籠子裡面做「過來的訓練（P.45）」，增加感情的交流。

④ 將牠放出籠子，給牠獎勵品

能夠做到 ③ 後，回復信賴關係就在近在眼前了！從籠子裡出來後，請試著給牠獎勵品。如果牠不出來外面，就將獎勵品放在籠子的入口處，然後走開。反覆進行。

在得到鸚鵡的信賴之前不能這樣做 ✕

假裝在吃，假裝在玩

想要引起鸚鵡的興趣，在地面前假裝吃零食或是假裝玩玩具是很有效的。只不過，前提在於已經建立好信賴關係。如果是被鸚鵡討厭的人，這樣做是沒有意義的。

不要放棄喔！

Case Study

不同的惱人行為 應對方法

鸚鵡並不是存心故意要做出惱人行為的。究竟為什麼會那樣呢？
請想想鸚鵡的心情來推敲原因並擬定對策吧！

Case 1

咬人

原因 會咬人有
各種不同的原因

鸚鵡咬人的理由如右所述，有各種原因；不過之所以會
讓咬人的行為固定下來，全是因為飼主被咬後的反應。

如果有反應，
就要再咬多一點！

⟨為什麼會咬人？⟩

① 表達意見

就鸚鵡來說，牠學到的是，不管飼主希不希
望牠這麼做，「只要咬人就能表達自己的意
見！」。

② 錯誤的學習行為

和①一樣，從「想要回籠子的時候，只要咬人
就能回去」之類的經驗，學習到只要咬人就
能實現願望。

③ 防衛手段

膽小的鸚鵡大多會為了想要逃離恐懼而咬
人，或是為了守護地盤而咬人。必須仔細想
想牠是對什麼感到害怕。

⟨有咬人習慣的鸚鵡的心理⟩

要跟我玩嗎？

想一想
對鸚鵡來說，
哪一樣
會成為獎勵！

沒有反應
真無趣

反應
GET！

沒有反應

瞪牠
揮手
破口大罵

請比較看看獲得「瞪牠」、「揮
手」、「破口大罵」等反應，以及
沒有反應的情況。對鸚鵡來說，應
該是有反應會成為獎勵吧！

56

對策 沒有咬人時的應對也是關鍵

被咬之後，飼主如果立刻做出生氣之類的反應的話，不只無法讓鸚鵡了解，還可能如右般被誤以為是獎勵。被咬的時候，最好能不做任何反應地離開現場。

咬了人就得不到獎賞嗎？

沒有咬人時的應對也很重要

重要的不是「被咬時該怎麼辦」，而是鸚鵡沒有咬人時該如何稱讚牠。當飼主伸出手牠卻沒有咬人時，就要好好稱讚牠，讓牠學習到「不咬人＝好事情」。此外，仔細解讀鸚鵡的身體語言，創造不會讓牠咬人的環境也很重要。

〈被咬後的錯誤反應〉

- 瞪牠
  → 鸚鵡 主人一直注視著我呢♪

- 吹氣
  → 鸚鵡 這是風浴～

- 揮手
  → 鸚鵡 只要咬人，快樂的遊戲就開始了！

- 破口大罵
  → 鸚鵡 主人會跟我說很多話♪

- 把牠放到地板上
  → 鸚鵡 再來一次，這是爬高遊戲呢！

- 放回籠子
  → 鸚鵡 追逐遊戲要開始了♪

避免成為鸚鵡的「唯一」

鸚鵡對喜愛對象以外的人都不感興趣

鸚鵡有時會將伴侶以外的人或鳥認知為「無關緊要的對象」。這樣的感情一旦增長，就會陷入緊黏著伴侶、對其他人變得具有攻擊性，稱為「唯一（Only One）」的狀態。

成為「唯一」對象的家人的反應是關鍵

一旦陷入「唯一」狀態，鸚鵡可能會啄咬或威嚇伴侶以外的人。要解決這個問題，被認定為伴侶的人必須減少和鸚鵡的接觸，改由其他家人積極地成為鸚鵡的照顧者。

Case 2

喊叫

 原 因 一叫飼主就會有反應

一般認為，鸚鵡會把人類視為同伴，用聲音來溝通。由於偶爾大叫時會獲得「吵死人了！」之類的反應，讓鸚鵡誤以為飼主是在對自己說話，因而促使喊叫固定成習慣。

〈 叫聲的種類 〉

① **Alive vocalization**
→日常的鳴叫

② **Contact call**
→同伴間的互相呼喚確認

③ **Alarm call**
→通知危險的叫聲

所有的叫聲都可能會因為飼主意想不到的反應而成為契機，發展成喊叫。

〈 是否做了這樣的事？ 〉

請確認一下當鸚鵡喊叫時飼主的應對方式。

① 瞪牠

② 斥罵

③ 靠近籠子

④ 放鳥出來

⑤ 對牠說「好好，知道了」之類的話

⑥ 用水噴牠

↓

①～⑥的任何一項都可能讓鸚鵡誤以為是獎賞。由於喊叫這件事會讓鸚鵡獲得好處，因此就會持續進行喊叫。

 對 策 活用控制，教導鸚鵡可以容許的聲音

對不能容許的大聲喊叫不做反應。取代的是，飼主如果能小聲地發出「嘰、嘰、嘰」的聲音做為範本，鸚鵡也會加以模仿而小聲鳴叫。這個時候，如果能給予反應，大聲的喊叫就會逐漸減少。

如果有家人，就從訂定規則開始

先從訂定「這種叫聲OK，這個不行」的規則開始吧！

[名字]
巴爾
[鳥種]
雞尾鸚鵡
[性別]
雄性 ♂

Case 以左鄰右舍都會聽到的音量大叫

要持續進行對策很不容易。因為忙於家事，無法回應巴爾，讓應對變得散漫……大約經過半年，雖然有時仍會大叫。不過若回以正確的處理方式，巴爾也變得能夠小聲回應了。

施行對策

・發出可以容許的音量時，走近稱讚牠。
・大叫的時候，以吹口哨或咚咚地敲響桌子來回應

Case **3**

啄羽

原因

心理問題、健康問題等有各種不同的原因

啄羽有各種不同的原因，首先要調查的是疾病的可能性。因為啄羽可能是由疾病所引起的，所以請先帶往醫院進行檢查。判明不是疾病之後，再探查其他的可能性。

〈 想想原因 〉

☐ 某些疾病或營養不良
☐ 無聊、變成習慣
☐ 飼主不在家
☐ 搬家等環境的變化
☐ 剪羽
☐ 想引起飼主的注意

對策

• 懷疑是疾病時

可能是傳染病、代謝異常、內分泌異常、腫瘤、誤食等原因所造成的，所以請在醫院接受治療。為了能夠告知獸醫師是從什麼時候開始啄羽的，請每日進行鸚鵡的健康檢查。

• 不用擔心健康狀況時

• 飼主不在家
• 環境的變化

也可能是飼主經常不在家，或是搬家後環境變化所引發的。當務之急是讓牠習慣新的環境，話雖如此，也沒辦法再回去以前的生活環境了。還是讓牠學習覓食（foraging）或是玩具遊戲，將注意力轉向玩弄身上羽毛以外的事物上吧！

• 無聊
• 變成習慣

為了緩和因為無聊所帶來的不安和壓力，有時會在自我刺激行為下出現啄羽。請藉由遊戲等，教導牠還比啄羽更有趣的事。

• 剪羽

剪羽（clipping）所造成的突然無法自由飛行，對於原本能自由飛翔的鳥兒們來說，會帶來非常大的壓力。

➜ 詳細請看 P.118

• 想引起飼主的注意

偶爾在啄羽（掉羽）時，若是飼主大驚小怪地擔心的話，鸚鵡就會認為「有了好的反應」，之後可能會為了想引起注意而繼續啄羽。請以「啄羽、玩弄→無反應」、「玩玩具、吃飯→給予獎勵品或出聲招呼等反應」的應對方式，讓牠學習以別的方法來吸引飼主的注意。

持續發情狀態

 原因 飼養下的鸚鵡
很容易發情

和野生狀態的鸚鵡不同，飼養下的鸚鵡因為右邊的下面3種需求已經被滿足了，所以剩下的繁殖需求就會提高。飼主無意間的行動，對鸚鵡來說可能會成為求愛的行為。

過度發情非常危險！

過度發情所造成的危險，對雌鳥來說比雄鳥還要嚴重。發情產卵會成為很大的負擔，有時甚至攸關性命，所以請尋求萬全的對策。此外，也可能會變得具有攻擊性或是引發啄羽的行為。

▷ **產卵過剩**

雌鳥會在體內產生卵，產卵一旦慢性化，可能會造成體內營養失衡。

▷ **引發疾病**

代謝障礙會造成鳥喙或腳爪變形，在缺鈣的情況下產卵會成為卵阻塞等的原因。

⟨ 鸚鵡的需求是？ ⟩

↑ **繁殖需求**
（發情。想留下子孫）

↑ **優越需求**
（想要比其他的鸚鵡更強）

↑ **安全需求**
（想在安全的地方生活）

↑ **生理需求**
（飲食和睡眠）

什麼是欲求不滿？

?

創造不滿足上列需求的環境是很重要的。

 對策 • 飲食限制
（僅限有肥胖傾向的鸚鵡）

超過適當體重的鸚鵡必須注意。肥胖是萬病之源。在食物充足的環境裡，因為很適合撫育雛鳥，因此會成為發情的極大主因。如果是有肥胖傾向的鸚鵡，請試著將一日的飲食攝取量改分成數次給予。

今天的飯飯只有這些…？

⟨ 飲食限制的注意事項 ⟩

• **掌握適當體重和一日的飲食攝取量**

記錄每天給予的／吃掉的飲食量、體重的增減等。以3天減1g體重的節奏來調整一日的攝取量，使鸚鵡接近適當的體重。

• **和獸醫師商量後進行**

對體型嬌小的鸚鵡來說，1g體重的增減就是很大的變化。進行飲食限制時，不要用外行人的判斷輕易開始，必須先諮詢獸醫師。

飼主會促使鸚鵡發情的行為 ✕

- 親膩地撫摸身體
  （尤其是腋下）
- 老是對牠說話
- 經常待在旁邊
- 讓牠停在頭上
- 讓牠咬飼主的指甲

不要讓牠有發情的對象或事物

飼養鳥會將人認定為伴侶或同伴。因此，飼主若採取左述的行為，可能會成為刺激而造成發情。注意膚觸關係不可過度。

讓牠對其他事物產生興趣

建議讓牠做覓食活動。

和野生狀態不同，不用擔心沒東西吃的飼養鳥，因為對吃的需求滿足了，而使得繁殖需求變強。因此，不妨教牠各種覓食活動（foraging）。如果能讓牠全心投入覓食中，繁殖需求就能受到抑制。

➡ 詳細請看 P.84

縮短光照週期

明亮的時間越長，鸚鵡越容易發情。原因在於鸚鵡「光週期長（溫暖的季節）=不必為食物發愁」的認知。不妨在籠子上覆蓋罩布，讓明亮的時間不超過8個鐘頭。或是將牠移到沒有人的空間等，創造夜間可安穩睡覺的環境。

不要給予能讓牠築巢的東西

尤其是雌鳥，任何成為巢材或是巢箱的東西都可能引發發情。每隻鳥認知為巢材的東西是有個體差異的，所以請觀察愛鳥，將可能引發發情的東西都要清除掉。

[名字]
啾啾
[鳥種]
虎皮鸚鵡
[性別]
雌鳥 ♀

Case 反覆發情・產卵

剛開始是注射荷爾蒙來抑制，但因為持續注射而使得效果降低，因此改嘗試「覓食（foraging）」。除了右邊的對策外，也實施了室溫管理等。現在，已經約1年左右沒有發情了。

施行對策
- 決定一日的飲食量
- 調節清醒活動的時間
- 藉由覓食減少無聊的時間

偏食

理由

鸚鵡對食物的好惡很明顯

偏食的情況，大多沒有絕對的原因。例如吃種籽的鸚鵡，可能會從混合種籽中挑選喜愛的來吃，或是不吃青菜等。這樣會造成營養偏頗，所以只能有耐性地繼續嘗試了。

偏食如果繼續發展……

尤其是吃種籽的鸚鵡，必須注意的是不吃青菜的情況。由於吃種籽的鸚鵡必須從青菜中補充維生素和礦物質，如果不吃的話，會有營養不良的危險。

對策

- ### 轉換成顆粒飼料

顆粒飼料，是含有鸚鵡所有必需營養成分的綜合營養食。偏食的鸚鵡也可以轉換成顆粒飼料。只不過，和種籽比起來，顆粒飼料的嗜口性較差。依照顏色和形狀、成分的不同而有多種製品，請找出鸚鵡愛吃的種類吧！首先，請依照右邊的流程試著慢慢地轉換！

- ### 沒吃完前不要補充

如果飼料盒中的種籽還沒有吃完就再補充的話，鸚鵡就會只挑喜愛的東西吃。請等飼料盒變空時才更換新種籽吧！

- ### 費點心思給予青菜

如果鸚鵡討厭生鮮蔬菜，不妨試著將其乾燥或是在切法上花點心思，或許就能投其所好。另外，如果有競爭對手存在，而該鸚鵡又願意吃蔬菜的話，也可以讓牠從旁協助。

➡ 對手榜樣法 詳細請看 P.69

〈 常見的偏食 〉

- 不吃顆粒飼料
- 只挑喜歡的種籽來吃
- 不吃青菜

〈 由種籽轉換成顆粒飼料的方法 〉

① 將顆粒飼料粉撒在種籽中
↓
② 將顆粒飼料混在種籽中。
慢慢增加顆粒飼料的量

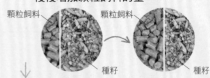

顆粒飼料　　　　　顆粒飼料

種籽　　　　　種籽

↓
③ 如果願意吃顆粒飼料，就讓牠白天吃顆粒飼料，晚上吃種籽
↓
④ 減少晚上種籽的比例，慢慢增加顆粒飼料

※請確認鸚鵡是否有確實進食、體重有無減輕，多花一些時間慢慢地進行更換吧！

Case 6

前往你不希望牠去的地方

原因 因為好奇心
或是為了要引起注意

偶爾去到該場所時，因為飼主一直說「不行不行～」，可能會讓鸚鵡誤以為「去那裡就可以獲得逗弄，遊戲開始了！」。另外，一到了發情期，就會變得想去狹窄的地方。

啊!?

不可以去那裡～！

對策 待在你希望牠待的地方時
就給予獎賞！

待在可以去的地方時，請給予獎勵品或對牠說話地稱讚鸚鵡。另外，在可以待的地方垂掛牠喜愛的玩具，不希望牠去的地方則垂掛牠討厭的玩具等，也是一個方法。關鍵是要將當牠去到不希望牠去的地方時的反應，留到當牠待在可以去的地方時再加以活用。

這裡是可以
待的地方♥

注意鸚鵡的逃脫

沒有不會
逃走的鳥！

放鳥出來時要確認
窗戶等是否開著

即使是和人熟悉的鳥兒，在某些感到害怕的時候，也會從打開的窗戶逃走……這樣的情況並不罕見。這是鳥類的本能，因此不能疏忽，放鳥的時候一定要關好門窗。另外，在放鳥出來前也要先告知家人。

逃走時要呼喚名字來尋找

鳥類感到害怕時，會先逃離對象物，拉開距離，之後才會考慮安全對策。因此，如果才剛逃走不久，待在附近的可能性極大。如果是已經學會「過來」的鳥兒，或許會注意到飼主的聲音也不一定。

尋找鸚鵡的方法

☐ 向警察局提出遺失申報

☐ 聯絡防疫所

☐ 在附近的動物醫院或專門店等張貼
　告示

☐ 在社交網站或網路論壇等廣泛呼籲

Case 7

不肯回籠子

原 因 　籠子裡面很無聊

大概是因為待在籠子裡很無聊吧！只要讓牠認為籠子內也是快樂的場所，就能毫無抗拒地回去了。此外，如果從籠子裡出來的時間和回去的時間每天都不一樣時，鸚鵡就會思考「今天什麼時候可以出來？什麼時候要回去呢？」。

〈 是否做了這樣的事？ 〉

☐ 鸚鵡一回到籠子，就立刻離開
☐ 在籠內時不做感情交流
☐ 籠子裡沒有玩具
☐ 有時會放牠出來，有時則沒有
☐ 在籠外也給牠吃飯喝水

對 策 　● 將籠內打造成快樂的環境

把籠內打造成和外面相同或是更有樂趣的環境吧！除了準備玩具之外，也可以隔著籠子對牠說話或是進行訓練，製造和飼主感情交流的時間。

➡ 回籠訓練 詳細請看 P.48

● 決定好放鳥時間

固定放鳥時間，讓鸚鵡形成生活節奏。不過，並不是制式化的決定，也可以有意識地製造數十分鐘～1個鐘頭左右的落差。

● 籠子外面不要放置飼料盒和水

如果在籠子外面也可以獲得飼料和水，回籠的必要性大概會越來越低吧！想獲得飼料和水，只能回到籠子裡。

獎勵品要使用鸚鵡最喜愛的東西

鸚鵡回到籠裡時，要把牠最喜愛的東西當作獎勵品給予，如此就能讓鸚鵡產生「回去籠子＝最喜愛的獎勵品」的動機。

讓牠待在籠子裡好可憐？

如果要讓鸚鵡和人一起生活，就必須建立規則

飼養鸚鵡，一定會有必須讓牠進入籠子的時候。不要一時心軟，還是先把未來數年、數十年將一起生活的同伴真正的幸福列入考慮吧！

只要習慣籠子就沒問題了喲！

〈不進入籠中的缺點〉

· 房間裡充滿了危險

對鸚鵡來說，房間裡有很多危險的東西。為了預防誤食之類的意外發生，還是養成讓牠進入籠子的習慣吧！

➡ 詳細請看 P.126

· 身體不適的時候

為了治療，或許會有在醫護籠中度過的情況。對於平常不習慣處在籠子裡的鸚鵡來說，這樣的壓力是非常大的。

Case **8**

雞尾鸚鵡恐慌症

 原因 | 因為遺傳因素而膽小的品種

正如其名，常見於雞尾鸚鵡（尤其是黃化種）身上，會引發嚴重恐慌的現象。似乎常因地震或噪音等而引發恐慌的情形。

人家好害怕……

 對策 | 只能慢慢地讓牠習慣

這種時候，只能用「系統減敏法」來慢慢消除牠的恐懼心理。一邊說「還好吧？」地跑到牠面前，只會進一步造成恐慌。在恐慌平息前請先讓牠安靜。此外，放鳥時使用「過來」之類的訓練來建立牠的自信，或許就不會再為一點小事而驚慌失措了。

〈讓牠習慣的方法〉

· 特定的聲音

將該聲音錄下來，在播放的同時，飼主也發出相同的聲音，讓鸚鵡認為該對象音是飼主的聲音。先從小音量開始。

· 搖晃

平常就稍微搖晃籠子，讓牠習慣。「要搖了喲～」像這樣一邊以溫柔的聲音對牠說話一邊進行。之後再給予獎勵品！

鸚鵡必須玩遊戲的理由

讓自由時間不無聊
是重點所在

先來看看飼養鸚鵡和野生鸚鵡一天的生活方式比較圖吧！

一般認為啄羽或拔羽、喊叫這些問題在「無事可做」時會變得更容易發生。讓鸚鵡成為玩樂高手，不至於讓「自由的時間＝無聊的時間」，連帶地也可以抑制這些問題行為。

和人一起生活的鸚鵡，因為生活節奏以飼主為基準，所以醒著的時間往往會變長。偏偏牠們又不需要覓食和築巢，大部分的時間都在籠內度過，所以自由地飛來飛去，或是和群體同伴接觸的機會無可避免地都會減少。也就是說，和野生鸚鵡比起來，往往會無法打發閒暇的時間。

所以無事可做的時間會壓倒性地增加。此外，因為一天中大部分的時間都在籠內度過，以自由地飛來飛去，或是和群體同伴接觸的機會無可避免地都會減少。也就是說，和野生鸚鵡比起來，往往會無法打發閒暇的時間。

遊戲是很深奧的！

〈 鸚鵡的生活型態 〉

野生鸚鵡的一天

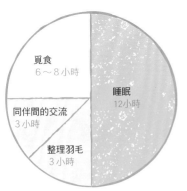

覓食
6〜8小時

睡眠
12小時

同伴間的交流
3小時

整理羽毛
3小時

早睡早起是基本！覓食活動佔了清醒時間的一半，到處飛來飛去。

飼養鸚鵡的一天

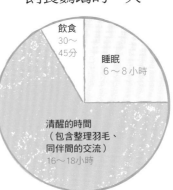

飲食
30〜45分

睡眠
6〜8小時

清醒的時間
（包含整理羽毛、同伴間的交流）
16〜18小時

因為作息時間和飼主相同，所以清醒的時間長，也沒有覓食的機會。

1 自己玩

就是飼主不介入的遊戲。讓牠在自由時間能夠自己玩,可以改善啄羽或喊叫等問題行為。以玩具遊戲為主。

➡ 往 P.76

2 覓食遊戲

飼主在飲食的給法上多用一點心思,讓牠採取在野生狀態下理所當然的「尋找食物」行動。覓食遊戲也有能夠提高生活品質(P.84)的效果。

➡ 往 P.86

3 一起玩

想要排遣鸚鵡的無聊,只要**1**和**2**就足夠了;但是想要和心愛的鸚鵡變得更親密,一起玩是最好的!藉由教牠才藝,連帶地也可以讓牠動動腦、活動身體。

➡ 往 P.98

遊戲的種類

▷▷▶ 有效地分別使用

3種遊戲

雖然統稱為「鸚鵡的遊戲」,但其種類卻是五花八門。本書將遊戲分類成3種。不要只玩其中一種,最好是所有的遊戲都能玩到。先從可以做到的開始嘗試吧!

用遊戲來
充實生活♪

今天要玩什麼呢?

安全上必須
小心注意

遊戲請在充分確認過安全性後再進行。首先是玩具。請確認是否為含鉛之類的有毒材質?構造上有沒有會造成吞入、纏頸、夾腳等意外的問題?此外,門窗是否有關好以防脫逃?是否有鸚鵡進入會發生危險的場所等等,都必須一一檢查確認。

如何養育成會玩耍的鸚鵡

就一定會玩！

只要教導牠遊戲方法

只要給牠玩具，鸚鵡就會自己玩——如果你這樣想，那就大錯特錯了！和訓練一樣，如果沒有教牠遊戲方式，鸚鵡就不會玩。不玩的原因，可能是牠不知道要怎麼玩，或是不喜歡該玩具。

可以斷言的是，天底下沒有不愛玩耍的鸚鵡。在鸚鵡變得會快樂玩耍之前，請飼主有耐性地陪伴牠吧！「很好玩哦！」——像這樣對牠說話引發牠的興趣，或是藉由給予動機，找出讓鸚鵡樂在其中的遊戲吧！

要有耐心哦！

訓練鸚鵡遊戲的
做法

給予新玩具的時候，請慢慢地花時間讓牠習慣。配合下面的方法，參考P.70找出牠喜愛的材質也是很重要的。

▷▷▷ 確認牠會不會害怕

鸚鵡基本上是屬於保守性格。因此，大概多數的鸚鵡都會對未知的玩具表示排斥。不要突然就把玩具放進籠子裡，先讓牠遠遠地看見，探查牠的反應。

POINT

如果出現拍動翅膀，或是「呼——」地噴氣等，就是警戒・抗拒的信號。這時請勿強行拿近。

▷▷▷ 耐心等待最重要

就算對玩具表示抗拒，也未必就代表不玩它。請不要以為「大概是不喜歡吧？」地馬上放棄，只要慢慢地讓牠習慣，還是有可能讓牠產生興趣的。

‖ 技巧 *1* ‖ 放進鸚鵡的視野中

那是什麼呢？

鸚鵡大多會對看不習慣的東西表示抗拒。也就是說，只要變成「看慣的東西」就OK了。不妨試著將玩具垂掛在稍微遠離籠子的地方，或是放在遊戲場上吧！

‖ 技巧 *3* ‖ 用牠喜愛的東西圍繞

是獎勵品喲！

如果知道鸚鵡喜愛的東西（P.40），就用它圍繞著玩具吧！若是能被喜愛的東西吸引而物理性地縮短距離，就能加速讓牠習慣。

▷ ▷ ▶ **讓牠慢慢習慣**

探查鸚鵡的反應，讓牠逐漸習慣。為此，以下3種技巧非常有效，快來挑戰看看吧！

‖ 技巧 *2* ‖ 飼主碰觸玩具

應該是安全的東西吧？

喜歡手機或遙控器的鸚鵡很多吧！那是因為牠認為「飼主會碰觸，所以是安全的」。應用這個原理，讓鸚鵡看到你碰觸玩具的模樣，就可以緩和鸚鵡的警戒心。

目不轉睛

利用對手榜樣法引出鸚鵡的興趣吧！

教導遊戲時，「對手榜樣法」是有效的。這是利用鸚鵡的習性（P.17），也就是「讓其他的鸚鵡或人在牠面前將你希望牠做的事情做給牠看」。怎麼做才能獲得獎勵品？怎麼做才能獲得最喜愛的飼主的稱讚呢？這些都是用眼睛看就能學會的。想要讓牠吃新的飼料時，這也是有效的方法。

玩具

找出鸚鵡喜愛的玩具

知道鸚鵡的執著點來挑選玩具

想讓鸚鵡變成玩樂高手，就要先了解鸚鵡喜愛的玩具傾向。因此，探查鸚鵡對於小細節的「執著點」是很重要的。

鸚鵡的好惡是非常明顯的。例如，「喜歡面紙卻討厭報紙」、「不是100％純棉的布就不玩」之類，對飼主來說幾乎到了挑剔的程度。除了從形狀和材質、顏色等來判斷之外，也可以從垂掛還是放置在地板上等不同的情況來做判斷。

〈 找出鸚鵡喜愛物品的要領 〉

1 等待鸚鵡靠近

飼主不要將各種東西拿到鸚鵡眼前，而是要等待鸚鵡自己產生興趣，靠近過來。

2 給予各種玩具

因為不知道什麼東西才會打動牠的心弦，不妨給予各式各樣的玩具，探查情況。只不過，要先充分確認是否是安全材質的玩具（P.67）。

3 從習性來考量

例如會在地面覓食的虎皮鸚鵡或雞尾鸚鵡、喜歡破壞的大型鸚鵡等，從鳥種的習性來探查喜好也是一個方法（P.24）。

你說不行
我偏要…♪

用「不行不行作戰」來引發興趣

很多鸚鵡都喜歡手機或遙控器（P.69）的原因還有一個，那就是在啄咬的時候，飼主都會立刻反應「不行！」。應用這個心理，在牠玩玩具的時候，故意對牠說「不行不行！」地試著阻撓牠，可以提高牠對玩具的興趣。

要仔細觀察哦！

Let's Challenge!

觀察鸚鵡的行為

鸚鵡的喜好，可以藉由觀察愛鳥現在採取什麼樣的行為來分辨。不管是在籠子裡面還是外面，只要鸚鵡採取了某些動作，就可以試著「假設」那裡有什麼東西觸動了牠的心弦。根據假設來給予玩具，然後觀察反應，自然會知道牠的喜好。下面要介紹的是可以從行為例觀察到的假設設定法。在進行觀察時，材質的安全性、鸚鵡是否會誤吞等都要事先確認才行。

〈 觀察在籠內的行為 〉

例 **啄咬飼料盒**

啄咬設置在籠內的飼料盒邊框。飼料盒是塑膠製的，顏色為橘色。

→

材質 喜歡塑膠製品嗎？
顏色 喜歡橘色的？
形狀 喜歡有厚度的？
情況 喜歡咬邊框？

〈 觀察在籠外的行為 〉

例 **啄咬面紙**

啄咬放在桌上的面紙。會啄咬箱子，或是抽出面紙。讓牠有反應的盒子顏色是……

→

材質 喜歡面紙嗎？
材質 喜歡面紙盒嗎？
情況 喜歡抽拉？

利用小一點的空盒，裡面塞入報紙做成玩具，給牠玩玩看。

例 **攀爬在衣服上**

攀爬在飼主的衣服上，啄咬布製的襯衫。特別常咬的零件是……

→

材質 喜歡特定的襯衫材質？
情況 喜歡口袋、衣領緣？
材質 喜歡拉鍊嗎？
材質 喜歡鈕釦嗎？

用布和鈕釦製成的玩具。如果在裡面裝入飼料，就變成覓食玩具（P.92）了！

鸚鵡的玩具 mini 圖鑑

對飼主來說微不足道的東西，都可能成為鸚鵡的絕佳玩具。
下面挑選了可能會成為鸚鵡玩具的品項來介紹！

木頭 wood

< 絲蘭 >

這是外部堅硬，越往內側越柔軟的木材。可以享受到堅硬部分和柔軟部分的雙重樂趣。

< 爬牆虎 >

這是將蔓性植物乾燥而成的玩具。可以讓鸚鵡啃咬破壞，或是將零食藏在裡面讓牠找出來。

< 鐵杉 >

比絲蘭和巴爾沙木硬，有咬勁。喜愛破壞系遊戲的鸚鵡可能會喜歡。

< 牙籤 >

推薦給小型鸚鵡。可以或抓或咬，或是抽取或是搬運地玩。

<巴爾沙木>

質地柔軟，相較之下可以輕易地破壞。也可以給予還不熟練破壞系遊戲的鸚鵡。

< 軟木塞 >

推薦給小型到大型的所有鸚鵡。可以啄咬破壞。請洗乾淨後再給予。

< 冰淇匙 >

木製的湯匙可以成為很好的遊戲道具。請洗乾淨後再給予。照片是用天然著色劑染色後的商品。

< 免洗筷 >

推薦給小型到大型的所有鸚鵡。可以啄咬破壞。請洗乾淨後再給予。

樹枝請用買的吧！

外面撿回來的樹枝，裡面可能有眼睛看不到的小蟲，或是有細菌附著。此外，也可能含有農藥等對鸚鵡有毒的東西。請儘量購買經殺菌處理後的樹枝給牠。即使是確定判斷為「安全」的東西，也請好好處理，自行負起責任來給予。

紙類

〈 瓦楞紙 〉

可以撕碎或是開洞，也可以在隙縫間藏入零食。為手製玩具的必需品。

〈 報紙 〉

有些鸚鵡喜歡它輕薄的質感。可以用手撕碎或是用碎紙機裁碎等，找出牠的喜好。

〈 廣告單 〉

也有些鸚鵡喜歡它光滑的表面和鮮豔的色彩。不妨重疊或是撕碎地給予，探查牠的喜好。

〈廚房紙巾〉

有些鸚鵡喜歡用鳥喙撕碎的感覺。也可以弄成紙捻狀後將飼料藏在裡面。

〈 有網眼的紙 〉

這是呈網狀的紙。可以用來包住飼料讓鸚鵡看到裡面，推薦給初玩覓食遊戲的鸚鵡。

〈 面紙 〉

有些鸚鵡很喜歡將面紙撕碎或是從盒中抽出來的動作。

〈紙筒芯〉

也可以給牠衛生紙、保鮮膜、膠帶等的捲筒芯。可以享受啄咬時硬度差異的樂趣。

〈 紙杯 〉

具有厚度，可以用鳥喙啄洞刺穿來玩。也可以在裡面裝入零食。

〈 蛋盒 〉

紙製的蛋盒。也可以做為飼料盒使用。只不過，不可使用實際裝過蛋的，請給予新品。

〈 牛皮紙 〉

似乎有許多鸚鵡都很喜歡紙袋等牛皮紙的「撕碎感」。

〈 空盒 〉

也可以給予糕點空盒等五顏六色的盒子。若有膠帶請先去除。

〈 藥包紙 〉

包藥的紙。有些鸚鵡似乎很喜歡這種乾燥的質感。請取得新品後給予。

繩子 (string)

〈 燈心草繩 〉

由燈心草製成的繩子。有些鸚鵡喜歡它咬起來的感覺。也有墊子狀的類型。

〈 瓊麻繩 〉

這是以瓊麻這種植物的纖維做為原料的繩子。有細繩也有粗繩。

〈 風箏線 〉

也可以作為手製玩具的材料。由於繩子較細，請充分注意避免纏到頸部。

〈 麻繩 〉

麻繩很容易購得，也是經常使用的手製玩具材料。

打上繩結更有趣♪

〈 塑膠繩 〉

和充電線相似，多數鸚鵡都喜歡它咬起來的感覺。要注意避免纏到頸部。

〈 緞帶 〉

有棉質、歐根紗、紙質等多種材質，請找出鸚鵡喜歡的種類。

〈 紙繩 〉

這是在紙袋上做為提把的繩子。可試著給予喜愛紙質的鸚鵡。

布 (cloth)

※用布製作玩具時，請充分注意避免發生意外（P.92）！

〈 棉布 〉

請試著找出鸚鵡喜愛的顏色和花紋。可以咬著玩。

〈 牛仔布 〉

裁剪成小塊後給予。可以用力拉扯撕裂來玩。拉鍊、鈕釦部分請先剪除。

〈 襯衫 〉

因為是飼主曾經穿過的，似乎比較容易接受。

〈 皮革 〉

推薦給對皮帶或錢包、包包等有興趣的鸚鵡。比其他的布類更有咬勁。

塑膠 (plastic)

〈 珠子 〉

可以做為玩具使用，也可以放入飼料盒中做為障礙物。請選擇不會吞入的大小。

〈 寶特瓶蓋 〉

確實洗淨後給予。也可以將2個合起來，中間放入零食！

〈 原子筆 〉

塑膠製的原子筆也可以做為玩具。給予的時候，一定要將墨水管拿起來。

〈 餐具小物 〉

便當用的小叉子或調味料容器、吸管、餐具組等都可以活用來做為玩具。

其他 (other)

〈 棉花棒 〉

推薦給小型鸚鵡。可以或啣或抓地玩遊戲。

〈 鈴鐺 〉

可以發出聲音來玩。請選擇舔到也很安全的材質。

〈 螺栓・螺帽 〉

可以做為手製玩具的材料。請選擇不鏽鋼製、不含鉛的材質。

〈 橡膠球 〉

橡膠材質的玩具。有些鸚鵡會覺得咬住時的Q彈感覺很有趣。也可以將種籽藏在裡面！

〈 籃子 〉

在裡面放入飼料或玩具，吊掛在籠子內外。咬起來的感覺也很好。注意不要讓牠拿去築巢了！

〈 菜瓜布 〉

有些鸚鵡喜歡它咬起來的感覺，可能會沉迷其中。也可以在隙縫中放入飼料。

〈 S型鉤 〉

有些鸚鵡喜歡它咬起來的感覺。有塑膠製和不鏽鋼製的。也使用在垂吊玩具上。

〈 抽屜 〉

塑膠製的小抽屜。將飼料放在裡面讓牠尋找，就變成覓食玩具了。

試著讓牠獨自玩耍

帶來良好刺激的遊戲

想一想可以為鸚鵡帶來良好刺激的遊戲

如果鸚鵡能夠自己玩，就可以有意義地度過獨自看家之類的空間時間，也有助於抑制問題行為和發情。請積極地讓牠玩吧！

在遊戲方面，請想一想可以為視覺和思考帶來良好刺激的遊戲。

也可以依照鳥種的習性來思考，例如會不會在地面玩，或是喜不喜歡破壞等。

好奇心非常旺盛的鸚鵡姑且另當別論，但從一開始就能如自己所想般會玩遊戲的鸚鵡是少之又少的。請飼主給予支援，讓牠能夠快樂地玩耍吧！

遊戲動機就是飼主 ♥

讓牠獨自玩耍的注意事項

1 一定要在一旁守護

要讓鸚鵡對遊戲產生興趣，必須有「動機」才行。剛開始時不要給了玩具後就不理牠，如果牠能快樂地玩，就要稱讚牠。反覆這樣做，就可以讓牠自己享受遊戲的樂趣了。

偷看

3 在厭膩前做更換

不管是多麼喜愛的遊戲，終將會厭膩。不要老是讓牠玩相同的遊戲，多創造幾種遊戲型態，視情況依序上場吧！

2 不能過度介入

雖說如此，但飼主的過度守護可是不行的。這樣會變成如果不在一旁看著，牠就不玩了。請逐漸減少介入的頻率。

玩具要經常做更換

玩具不可以一直放在裡面或是一直安裝著！這樣會成為發情的原因。此外，玩具的安全性也最好要吹毛求疵地充分進行確認（P.67）。

這是新玩具嗎？

How to
讓牠獨自玩耍的點子

下面介紹幾個可以讓鸚鵡快樂玩耍的點子。
想找出家中鸚鵡喜歡的遊戲時，不妨做為參考。

IDEA 1
弄出聲響

▷▷▶ **找出牠喜歡
的聲音**

鸚鵡是以聲音與同伴交流的，所以容易對聲音感興趣。此外，「自己所做的事獲得了回應」這件事，是任何動物都會覺得好玩的。可以準備鈴鐺等小樂器，讓鸚鵡弄出聲響。也可以觀察牠的反應，找出牠喜愛的聲音。

LEVEL UP

用杯子來
叩叩叩！

要弄出聲響，不用準備特殊的樂器也沒關係。準備好杯子，就算只是弄出叩叩叩的聲音，也可以成為遊戲。

用鐃鈸來
鏘鏘鏘！

這裡用的是在百元商店等處購買的迷你鐃鈸。如果能用鳥喙啄出響聲，就要稱讚牠。

〈 來練習看看 〉

1.

剛開始先由飼主示範。例如，如果是鈴鐺的話，就在鸚鵡面前搖響聲音讓牠看看。

2.

如果鸚鵡如示範般讓鈴鐺響起，就給牠獎勵品。剛開始時，就算「只是偶然弄響」，也要好好地稱讚牠。

啄咬、破壞玩具

最喜歡這種
感覺了 ♥

▷▷▷ 可以發洩精力！

在野生狀態下，鸚鵡是會剝下樹皮、咬破樹木果實外殼的。所以，牠們鳥喙的力量和腳爪的靈活度都非常好。對於喜歡破壞系遊戲的鸚鵡，就給予可以破壞的玩具吧！讓牠盡情地啄咬＆破壞，也可以發洩精力。

LEVEL UP

準備個玩具箱

如果可以玩的玩具增多了，就放入箱中後給牠吧！考慮要選擇哪一樣玩具，也會給腦部帶來良好的刺激。

在一番苦惱下，選擇了飲料瓶。明天或許會另選其他的玩具吧！

玩破壞積木的遊戲。如果是大型鸚鵡，大約幾秒鐘就破壞了！

瓦楞紙也可以變成鸚鵡的玩具！或是撕碎或是用鳥喙刺穿地破壞著玩。

塑膠製的玩具也不算什麼！會用腳靈巧地抓住破壞！

向手作玩具挑戰！

要用哪個來玩呢～

▷ ▷ ▶ **親手製作，**
  好玩又省錢！

玩具也可以自行製作。尤其是做破壞系之類的消耗型玩具，自己做是最好的。不妨使用鸚鵡喜歡的材質，參考市售商品來做做看。只是，在安全性方面也必須充分注意。

手作玩具時的注意事項

① 不能含有對鸚鵡有害的東西

請確認是否含有鉛之類的有害物質。另外，也要避免玻璃製品和有黏著性的東西。

② 注意意外事故

容易纏捲在腳上或頸部的縫線、有伸縮性的橡皮筋、大小可能會吞下的小珠子等都會成為意外的原因，嚴禁使用。

③ 逐漸進行改良

就如前面所說的，鸚鵡有喜新厭舊的性格。最好經常改良玩具，以提高等級。

繩子＆不鏽鋼串＋木製玩具

準備扣環和繩子等，做成垂吊木製玩具和零食的玩具。可以看到鸚鵡靈活地抓住破壞的姿態。

空盒＋報紙

將裁碎的報紙裝填在空盒中，用美工刀在表面劃出切口。可以像面紙般將報紙抽出來玩。

瓦楞紙＋牙籤

這是將牙籤插在瓦楞紙板上的簡單玩具。可以拔出牙籤來玩。也可以裝上繩子垂掛起來。

IDEA 3

抓住、滾動

來給你
滾一滾吧～

▷▷▶ **抓住滾動，
以反應為樂**

只要在圓形玩具中裝入鈴鐺等，就可以或抓或搖或滾動著玩。請準備配合鸚鵡體型尺寸的玩具。另外，只要裝入零食，也可以應用做為覓食玩具（P.86）。從桌上滾落後由飼主撿起來，這樣的遊戲可能也很好玩！

會在地面覓食的鳥種很擅長玩滾動遊戲。

LEVEL UP

抓住物品的進階型——「尋回」

這是將抓住或啣住的玩具交還給飼主的「尋回」遊戲。可以做為一種加深交流的人鳥同樂遊戲，請務必要挑戰看看（P.100）。

大型種和部分的中小型種能夠靈活地抓住玩具揮舞。

請收下！

大型玩具也不算什麼！會啣起來滾動，消耗多餘的力氣。

IDEA **4**

戰鬥

是入侵者！

▷ ▷ ▶ ▶ 「敵人」的存在會
成為良好的刺激

只被喜歡的人、喜愛的事物包圍的生活，雖然充滿了安心感，但卻缺乏刺激。因此，不妨特意放置鸚鵡討厭的東西、會讓牠產生攻擊性的東西等，讓牠戰鬥一番。如此可以給鸚鵡帶來良好的刺激。不妨給予各種東西，一邊探查反應，找出牠討厭的敵人吧！

LEVEL UP

同心協力
擊退壞蛋

這是遵照飼主的暗號打倒壞人的遊戲。可以加深感情交流，請務必要挑戰看看。

如照片般加以固定，就可以戰鬥到鸚鵡氣消了為止。只是，一直放著會導致過度興奮，所以還是在適當的時候收回吧！

偶爾生氣一下也是很重要的！

注意不要讓牠興奮過度了！

鸚鵡如果過度興奮，可能會啟動發情的開關。還有，在興奮狀態時伸出手的話，鸚鵡也可能會順勢大口咬住，須注意。

IDEA 5

運動系的遊戲

前滾翻

嘰咿咻！

▷▷▷ 提高肌力＆
發洩精力！

使用棲木的前滾翻，或是在地上走路、飛行、攀爬等等會使用到身體的遊戲，全都歸類為「運動系的遊戲」。活動身體不但可以提高肌力，也可以發洩精力，所以請積極地讓牠玩吧！任何遊戲都必須先教導牠玩法。

前滾翻

〈 來練習看看 〉

3.

繞完一圈後，
給予獎勵品

如果能夠繞一圈回到原來的位置，就再度給予獎勵品。只要一點一點地減少獎勵品，最後就算沒有獎勵品，也能讓牠做前滾翻。

2.

階段性地
給予獎勵品

只要鸚鵡追尋獎勵品而變成倒逆姿態，就要給予獎勵品。就像這樣，用獎勵品誘導牠繞一圈，每一次都要打賞。

1.

拿著獎勵品，
吸引牠探向棲木的下方

讓鸚鵡停在棲木上。將拿著獎勵品的手放在棲木正下方，待鸚鵡的視線朝向獎勵品後開始。

走路、跑步

Variation
變化

運動遊戲有各式各樣的種類。
請整理好環境，
讓鸚鵡能夠盡情地活動身體吧！

要找出我擅長
的運動哦♪

在地板上跑步或步行也是很棒的運動。大型種或是被稱為ground forager、會在地上覓食的鸚鵡都很喜歡在地上行走。不妨讓牠在寬廣的地板上盡情地跑動吧！只不過如果是小型鸚鵡，請注意不要踩踏到牠。

通過

讓在野生狀態下會經過樹木走路的環境也在家中重現吧！如照片般搭橋也OK。

鑽過

鑽過隧道的遊戲。不需準備特別的玩具，只要如照片般切割瓦楞紙板，就能做成簡單的隧道。只是要注意避免發情！

對鳥類來說，最棒的運動還是飛行。請遵守注意事項，讓鸚鵡盡情地飛行吧（P.132）！

攀爬

這是準備梯子或椅子，讓牠攀登階梯的遊戲。鸚鵡會使用鳥喙和腳，高明地爬上去。等熟練後，不妨加大落差，提高難度。

飛行

來挑戰覓食吧！

覓食

讓野生的覓食行動在家中重現

所謂的foraging就是指「覓食行動」。野生的鸚鵡清醒的時間幾乎都用在覓食上，但是飼養的鸚鵡卻可以在喜歡的時候吃飼主放進飼料盒中的種籽。如此一來，一天的大部分時間就會在無所事事中度過了。

想要解決這個問題，由飼主在正餐的給予方法上動動腦筋，讓牠去找尋每天的食物是很重要的。在生活中增加覓食的課表，可以讓鸚鵡在每天用餐時都能受到刺激。

另外，覓食也可以提高鸚鵡的「QOL（生活品質）」。QOL是Quality of life的簡稱，這裡是指「保持做為鸚鵡的尊嚴，過著高品質的生活」。藉由重現野生狀態下理所當然的覓食行動，可以讓鸚鵡過著更像鸚鵡的生活。如此一來，就可以減少「無聊」的時間，讓日子過得充實。結果就是腦袋不會繞著問題行為或發情打轉，帶來抑制的作用。

再見了，無聊的日子！

並不是所有的鸚鵡都能挑戰覓食哦！

注意鸚鵡的身體狀況

能夠帶來各種良好效果的覓食活動，並不是所有的鸚鵡都能挑戰的。最低條件是要在沒有疾病或受傷的健康狀況下，並且不低於平均體重。此外，沒有食慾、未做健康檢查，或是剛因為搬家之類改變環境的鸚鵡，也要盡量避免。配合年齡，進行不勉強的覓食活動也是很重要的。

▷▷▶ 確實管理給予的食物量

不能一開始就以覓食的方式供給所有的飲食。這樣可能會讓鸚鵡無法有效地進食，無法完全攝取到所需的營養。先採用一日的給餌量+α（額外添加的食物），準備牠最喜歡的東西來練習覓食吧！等到習慣後，就去除+α，在一日給餌量的範圍內進行覓食遊戲吧！

怎麼做才能解開呢？

覓食的 方法

好處多多的覓食，
如果不用正確的方法進行，
效果也會減半。
請掌握重點來挑戰吧！

▷▷▶ 經常改良、更換

進行覓食的目的是「給予在野生狀態下的覓食行為的刺激」。因此，老是進行相同的覓食就無法成為刺激。請和鸚鵡鬥智的想法，經常改良、更換，讓鸚鵡能夠持續受到刺激吧！

POINT
鸚鵡已經熟練而不採用的覓食點子，只要隔些時間後再給予，同樣能成為新的刺激。請以1個月為標準，再度試著給予看看。

▷▷▶ 逐漸升級

一下子就向高難度的覓食挑戰，是無法順利進行的。剛開始時即使只是增加飼料盒也可以成為刺激，所以請視情況，待熟練後再提高等級地循階段進行。確認鸚鵡有確實進食後，就向下個階段推進吧！

① 增加飼料盒

剛開始時請使用可以看見內容物的透明飼料盒。等到熟練後，就可以轉換成有顏色的容器。

② 加入小型障礙物

在飼料盒中加入障礙物。剛開始時只放入一個大小不會嚇到鸚鵡、不會吞入的東西，讓牠只要稍微避開，就能找到食物。

試著放入玻璃珠或紙團之類如果沒有完全將其移開就無法吃到食物的大型障礙物。

③ 放入大型障礙物

How to 覓食的點子

下面要介紹鸚鵡飼主們實踐的覓食點子。
請試著從容易挑戰的點子積極採用看看吧！

IDEA 1
覓食玩具

滾動玩具

怎麼做才能吃到呢？

▷▷▶ 試著準備各種玩具
來給予

出現最多變化的就是「覓食玩具」的使用方法。請準備可以滿足鸚鵡的知性好奇心的玩具吧！覓食玩具在專門商店等也有販售，但因必須定期改良，所以也很建議親手製作。

POINT

無法順利進行時，可以想見原因可能是：害怕玩具本身、吃飽了、對內容物不感吸引力。請一項一項進行改善。

〈 練習看看 〉

3.

向覓食挑戰！

試著給牠覓食玩具看看。如果還不了解做法，就反覆進行 **1** ～ **2**，有耐性地教導。

2.

飼主示範給牠看

由飼主示範給牠看，怎麼做才能得到食物。實際滾動玩具，讓牠看到食物掉出來的情況。

1.

**讓牠看到
放入食物的樣子**

首先要讓牠知道玩具中有獎勵品這件事。讓鸚鵡看見地將食物放入玩具中。

搖動玩具

將飼料放進最上面的飼料盒中即可。這是上下左右搖晃，只要讓飼料掉落到最下面就能吃到的構造。也可以安裝在籠子中！剛開始時先從一個開始。

Variation
變化

從市售品到手作製品，
介紹各式各樣覓食玩具的點子。
請找出愛鳥喜愛的吧♪

製作方法

① 準備數個壓克力盒。在所有盒子的底面開個可以讓飼料掉出的小洞。

② 縱向重疊接裝。最上面的盒子要能拆開盒蓋。

③ 在最上面的盒蓋裝上繩子即完成！

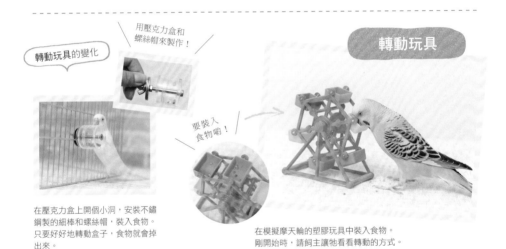

轉動玩具的變化

用壓克力盒和螺絲帽來製作！

要裝入食物喲！

轉動玩具

在壓克力盒上開個小洞，安裝不鏽鋼製的細棒和螺絲帽，裝入食物。只要好好地轉動盒子，食物就會掉出來。

在模擬摩天輪的塑膠玩具中裝入食物。剛開始時，請飼主讓他看看轉動的方式。

不管是在籠外還是籠內，都可以玩喲♪

LEVEL UP

吊掛安裝在籠子裡！

如果沒有踩腳處，等級就會大幅提高。用繩子垂吊，安裝在籠子裡看看。可以看到鸚鵡將腳掛在鐵絲網上邊轉動邊進食的模樣。

POINT

為了避免盒子移動，最好在背面貼上做為防滑墊＆重物的東西。

打開！

使用塑膠小收納盒做成的玩具。裝上大一點的珠子，好方便鸚鵡用鳥喙打開。

打開玩具的變化

要將裝在管子末端的套蓋打開的玩具。推薦給有力量的大型種。

管子是扭曲的，因此提高了若干難度。

打開玩具的變化

使用便當用的塑膠盒和醬料容器。用環圈連結蓋子和本體，讓玩具可以順利地打開閉合。因為是透明的，可以看見內容物，提高鸚鵡的幹勁！

打開玩具的變化

只要將便當用的小叉子全部抽出，就可以打開蓋子吃到裡面的食物。剛開始時請教她拔小叉子的方法。

製 作 方 法

① 準備2個裝化妝品的塑膠盒，1個做為蓋子。如照片般，在4個面的中央各貼上裁短的吸管。

② 在盒內裝入食物，如照片般對齊重疊。

③ 將便當用的小叉子穿過各吸管即完成！

抽拉玩具

開有孔洞的筒狀玩具。裝入裁細的報紙，將食物塞在裡面。只要拉出報紙，就能吃到食物。

尋找玩具

將食物撒在藺草墊上。可以看到鸚鵡啄尋縫隙間的食物進食的樣子。

LEVEL UP

試著讓牠攀爬尋找

立起墊子，塞入食物。提高難度，讓牠邊抓住墊子邊尋找。

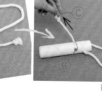

尋找玩具的變化

製作方法

① 重疊2支粗細不同的紙筒芯，在同樣的位置開洞（Ⓐ）。
② 先將2支紙筒芯拆開，在外側的筒芯上開個橫長狀的孔洞（Ⓑ）。
③ 再次對齊Ⓐ的洞，重疊2支筒芯，然後在內側的紙筒芯上安裝繩子（Ⓒ）。安裝位置在Ⓑ洞的右端處。
④ 在紙筒芯的上下端裝上蓋子，最後裝上做為把手的繩子（Ⓓ）即可。
※安裝繩子時，要在紙筒芯上開個小洞後穿過繩子，於內側打結。

這是重疊2支紙筒芯的玩具。如左上的照片，只要拉動Ⓒ的繩子，內側的紙筒芯就會滑動，可以從Ⓐ的洞口取出食物的構造。

IDEA 2

用紙包住

PATTERN 1：做成糖果包裝

發現看起來
很好吃的糖果了！

▷▷▶ 包入食物後
像糖果一樣包裝

就如該名稱一樣，像糖果一樣進行包裝的方法。鸚鵡會用鳥喙啄破包裝紙，或是靈巧地解開扭擰的部分後取出裡面的食物。使用的紙最好選擇安全的材質。此外，也要充分確認鸚鵡是否會將紙吞下。

設置在籠子裡吧！

多做幾個，試著設置在籠子裡面吧！這個時候，不要全部裝入食物，而是要做裡面什麼都沒有的擴獲紙包，鸚鵡就會獲得更多的刺激，致力於覓食。

-- 〈包裝方法〉

要讓鸚鵡看到包裝的情況喔！

3.
扭擰兩端，
做成糖果包裝

兩端各扭擰一次，像糖果一樣包起來。剛開始時，也可以降低難度，例如只摺單側。

2.
放置食物後
摺成縱長形

將食物放置在紙張中央，依照虛線進行凹摺，做成縱長形。

1.
將紙裁剪成
長方形

準備藥包紙等安全材質的紙，裁剪成約5cm × 2.5cm的長方形。

90

活用糖果包裝！

變化
Variation

製作幾個用夾子夾住的
紙包，垂掛起來。照片
是摺好後用無針釘書機
固定而成，也可以應用
於糖果包裝。

夾住後垂掛

也可以設置在
籠子裡！

用夾子固定

用夾子固定在籠子的鐵絲網上。請設置
在各種不同的場所，例如鸚鵡容易吃到
的棲木附近，或是必須攀爬鐵絲網的天
花板部分等。

要讓牠好好
地看哦！

扭轉，
扭轉♪

PATTERN 2：扭擰包裝

▷▷▶ 從歪歪扭扭的紙捻中
找出

這是將糖果紙做成紙捻狀，裡面包入食
物的方法。多做幾條，末端一起打成一
個結。可以看到鸚鵡或是啄或是轉動紙
捻找尋食物的樣子。可以隨機製作粗細
不同的紙捻。

------------------------ 〈包裝方法〉

2. 加以扭擰
隱藏食物

緊緊地扭擰，避免食物掉落地
隱藏起來。多做幾個相同的東
西。

1. 將食物放入
紙捻部分

將廚房紙巾撕成縱長形，輕輕
扭擰成紙捻狀。將食物放入裡
面。

裡面裝入
小米穗……

IDEA 3

放在布裡

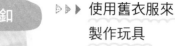

使用鈕釦

▷▷▶ 使用舊衣服來
　　製作玩具

飼主的舊衣服是鸚鵡很容易迷戀的東西。參考P.71，找出鸚鵡的喜好，將舊衣物重新製作吧！只不過，因為爪子可能會勾在布上，所以請勿放入籠內，最好讓牠在飼主的監視下遊戲。另外，布的綻線須用剪刀修整。

只要解開鈕釦，打開袋口，就可以吃到裡面的食物。縫上「無法解開」的假鈕釦，就能讓鸚鵡一邊思考一邊尋找食物。

不要的衣服
就給我吧！

變化
Variation

使用口袋

使用拉鍊

剪下衣服的口袋部分，裝上扣環即可完成。將飼料裝入裡面，讓牠尋找吧！只是，讓牠鑽進去會成為發情的誘因，所以請如照片般裁剪成淺袋，縫上後再給牠。

好像在面紙套上安裝拉鍊的形狀。拉開拉鍊，就可以吃到裝在裡面的食物。請準備鸚鵡不會吞下、稍大的塑膠製拉鍊。

IDEA **4**

讓牠不容易吃到

加入障礙物

要怎麼做才能
吃到呢～？

▷ ▷ ▶ ## 馬上就可以開始的
簡單覓食遊戲

藉由「加入障礙物」、「變化餐具」等，讓日常的飲食變得不容易吃到的方法。在至今為止介紹的點子中，也是最能夠輕易採用的。就做為覓食遊戲的開頭，試著挑戰看看吧！

〈 逐漸提高等級吧 〉

P.85中也介紹過，突然提高難度是不行的。請如下述般慢慢提高等級吧！

LEVEL **3**	LEVEL **2**	LEVEL **1**

最後放入玻璃球。如果不用鳥喙移開就吃不到，可以大幅提高難度。

放入透明的玻璃彈珠。剛開始時不要放在食物上面，而是要擺在不會阻礙進食的位置。

剛開始時放入較小的珠子。只是，必須使用鸚鵡不會吞入的大小的珠子。

改用難以進食的容器

放大！

準備海草的編織物。在隙縫間放入食物，再放上障礙物，讓牠難以進食。可以放置在籠子下方，也可以豎立在籠子側面。

變化
Variation

也推薦這個！

這是矽膠製的淺盤。裝入種籽，上面放上珠子或彈珠，提高難度吧！

來設置覓食玩具吧！

彙總

將之前介紹的點子，漸漸採用到鸚鵡的生活中吧！
下面分別介紹放在籠子內外的方法。
只是，要在確認使用覓食玩具仍能確實進食後才能進行哦！

設置在籠內

▷▷▶ 用餐時間要
　　　設置在籠內！

飼養的鸚鵡，生活的據點就是在籠子裡。因此，想要打發無聊的時間，將覓食玩具安裝在籠子中是最有效果的。最終要以大部分的飲食都能藉由覓食取得為理想。

Point 1

設置數個
飼料盒

基本上要先試著增加飼料盒的數量。加入障礙物讓牠不容易進食更佳。

下次要在那邊吃！

Point 4

讓牠也可以在
地板上進食

在地面覓食的鸚鵡若能在地板上進食更佳。在淺盤中放入紙屑，隱藏食物。

Point 3

天花板
也可以安裝

糖果包裝用夾子夾住後安裝在天花板。也可以用夾子安裝在籠子的鐵絲網上。

Point 2

設置2～3個
覓食玩具

籠子的側面也可以設置覓食玩具。不要裝太多，2～3個的程度即可。

94

（ 在籠子以外的地方打造遊樂館 ）

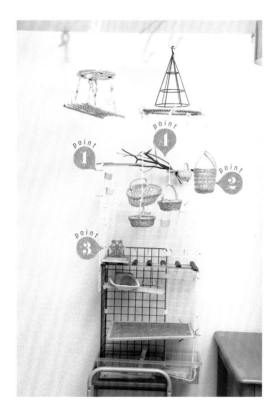

▷▷▷ **變成野生的心情 來尋找食物！**

可以用彷彿野生狀態般的心境尋找隱藏在各處的食物的「遊樂館」。使用鐵絲網、籃子、收納盒等為牠打造。在放鳥時很推薦進行遊樂館中的覓食。因為可以如運動般活動身體，所以也能消除運動不足的問題。

設置會讓牠飛行移動的飼料盒

在野生狀態下，鸚鵡會在樹枝間飛移地蒐集食物。試著在鐵絲網等分散設置飼料盒，重現野生下的覓食行動。

建造許多 可以棲息的場所

不妨大量設置棲木等，讓牠不容易去到空調或是照明處等不希望牠前往的場所。

設置牠喜愛的玩具

如果愛鳥有喜歡的覓食玩具，就可以成為在遊樂館遊戲的動機，請加以設置吧！

以搖晃的踩腳處 提高難度！

在籃中放入食物，用繩子吊起來。搖搖晃晃的踩腳處會提高難度。

一起遊戲讓感情更親密！

和鸚鵡共同擁有是很重要的

鸚鵡是非常重視群體生活的動物。牠們與伴侶的關係親密，也很重視橫向的聯繫。因此，和同伴「在一起」這件事可以讓精神保持穩定。

想要進一步加深和鸚鵡之間的親愛關係，不妨試著以「在一起」為主題來考慮遊戲。此時的重點是，時間、場所、動作和感情都要「共同擁有」。

從98頁開始要介紹一起玩的點子，最初不妨從最簡單的開始。例如，只要配合鸚鵡的叫聲，發出「唧、唧、唧」的聲音，就形成「聲音」的共有了。還有，鸚鵡若是心情愉快，張開翅膀左右搖晃時，你也可以一起跳，這樣就共同擁有「動作」了。順便一提，「共有」也可以成為得知和鸚鵡之間的內心距離的測量計。

帶鸚鵡回家後，如果看到愛鳥模仿人的動作，就是牠開始信賴人的信號了。

我來玩了喲～！

一起遊戲時的注意事項

握手 ♥

1 不每天進行也OK

如果勉強「每天都要一起玩」，持續下去將成為痛苦。而且，每天做會失去特別感，鸚鵡也可能不把遊戲當成樂趣。請尊重鸚鵡的獨自遊戲，就算一周只有在一起玩個2～3次，這樣就夠了。

2 配合鸚鵡的心情

有時候，可能你想玩，但是鸚鵡卻提不起勁。這個時候如果勉強玩，鸚鵡可能會變得討厭遊戲。請一邊摸摸索愛鳥狀況地邀牠玩遊戲吧！

3 在鸚鵡厭膩前結束

玩到盡興滿足了，就不會期望「下一次」了。由飼主決定遊戲的結束時間，早一點結束，可以讓鸚鵡「人家還想再玩啊～」地期待下一次。

> **POINT**
> 訣竅是要在最快樂的時候結束。在鸚鵡顯出樂在其中的樣子時就中斷遊戲吧！

遊戲＝認真
決勝負喲！

遊戲時要認真！

雖說是遊戲，但鸚鵡可是非常認真的。一邊看電視、一邊和家人交談的「邊遊戲」，可是會讓鸚鵡對飼主感到生氣的。鸚鵡的觀察力敏銳，可以從表情和態度看穿飼主是用什麼樣的心情對待自己的，所以遊戲時請認真投入。如果有其他事要做，寧可不要玩，等準備好了之後再玩吧！

How to 一起遊戲的點子

下面介紹可以共同擁有心情和時間的各種遊戲點子。
請一起快樂、喜悅地，進一步加深和鸚鵡的關係吧！

IDEA 1

跑步機

快跑快跑！
上斜坡

▷ ▷ ▷ **可以檢驗
彼此的配合度 !?**

手拿墊子做成緩坡，當鸚鵡來到最上面
時翻轉過來，讓牠從下面爬到上面，再
翻轉過來，連續如此進行遊戲。鸚鵡和
飼主的配合度很重要。

- - - - - - - - - - 〈 練習看看 〉

2.

在鸚鵡乘坐在上面的狀態下拿
起墊子。如果能保持沉著，就
給牠獎勵品。

1.

先讓牠熟悉墊子。放置零食，
或是當牠乘坐在上面時就給予
稱讚，讓牠「愛上墊子」。

也推薦這個！

上下樓梯

這是讓鸚鵡上上下下小階梯的遊戲。請
在到達上面時，來回一次時等重要時間
點給予獎勵品。照片是將小盒子堆在一
起所做成的階梯。

4.

當鸚鵡來到最跟前時，試著翻
轉墊子。如果可以反覆進行**2**
～**3**的步驟，就大大成功了。

3.

接著是走在墊子上面的練習。
呼喚鸚鵡，如果能夠從一頭走
到另一頭，就給牠獎勵品。

IDEA **2**

鑽過隧道

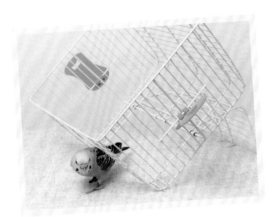

▷▷▶ 或許可消除
對外出籠的抗拒感！

這是拆掉外出籠的底部，只留鐵絲網的部分，放在地板上當作隧道，依照飼主的指令鑽過的遊戲。連帶地也可以消除對外出籠的抗拒感，所以一定要做為訓練的一環挑戰看看。

也推薦這個！

用手讓牠鑽過

不用外出籠，而是將飼主的手視為隧道，讓牠鑽過的遊戲。如果是最愛飼主的鸚鵡，或許會比使用外出籠更容易挑戰。

〈 練習看看 〉

1.

取下已經拆掉底部的鐵絲網，放在桌上，放置鸚鵡喜愛的東西，誘導牠進入。

2.

將門打開，如照片般放置外出籠，讓它成為隧道。在入口、出口處放置獎勵品。

3.

用 2 放置的獎勵品誘導鸚鵡。如果能順利地從入口移動到出口，就給牠獎勵品。

遊戲和訓練結合在一起了呢！

IDEA **3**

尋回

我撿錢（假錢）
回來了啦～！

▷▷▷ **各種訓練的
綜合技能！**

用鳥喙抓住東西、帶到飼主處的遊戲，
也是特殊才藝的一種。先藉由訓練讓
牠學會「手乘」（P.44）、「過來」
（P.45）後，再往啣物的練習前進吧！

也推薦這個！

大件物品也不算什麼！

鸚鵡出人意料地有力氣！如果能夠順利帶
回小件物品，就逐漸提升尺寸大小吧！照
片是口香糖罐的蓋子。

將運送點改成「物品」

也可以讓牠將東西運送到「物品」，而非
手掌。可以準備如照片中的油錢箱。

〈 做做看 〉

這次使用的是
塑膠製的錢幣。

1.

在桌上散置要牠帶過來
的東西。先從一個開始
挑戰，一點一點地增加
數量。

2.

鸚鵡一啣住東西，就立
刻對牠說「過來」，伸
出手掌。

3.

順利地放在手掌上後，
就稱讚牠，給予獎勵
品。

IDEA 4

套圈圈

▷▷▶ ## 運送環圈
套入棒子

尋回遊戲的升級版。這是用鳥喙喞
住環圈，將環圈套進棒子或手指的
遊戲。教導的時候，請依循下面的
階段來進行：做喞住環圈的練習、
喞住環圈的時候，由飼主將棒子穿
過環圈，將棒子放置在近處，讓鸚
鵡套入。如果成功了，請每次都給
牠獎勵品。

套進手指
也OK！

IDEA 5

收拾

▷▷▶ ## 玩過的玩具
要收好！

這也是尋回遊戲的升級版。這是將拿出
來的玩具放回箱中的遊戲。和套圈圈一
樣：做喞住玩具的練習、飼主將箱子拿
到鳥喙下方，讓鸚鵡放入箱中。只要依
照這樣的步驟，就可以讓牠學會。

猜色遊戲

黃色是這個！

▷ ▷ ▶ **可以刺激**
　　　視覺和聽覺

鸚鵡的認知力高，具有識別顏色的能力。可以充分活用此能力的就是碰觸飼主所說顏色的「猜色遊戲」。由於聽辨顏色名稱的聽覺同樣重要，也可以成為頭腦體操，請一定要挑戰看看哦！

也推薦這個！

黃色是哪個？

放在地上讓牠選擇

也有不用手拿，改將小東西放在地上進行的方法。是組合尋回遊戲和猜色遊戲的升級版。

〈 做做看 〉

綠色

1.

先讓牠看彩色球，一邊教導正確的顏色。「綠·色」像這樣地做簡單明瞭的清楚發音。

黃色是哪個？

2.

全部讓牠看過後，先藏在背後，然後3個一起拿出來，說出希望牠碰觸的顏色名稱。剛開始時從2個開始挑戰。

3.

如果能夠碰觸正確的顏色，就稱讚牠並給予獎勵品。

IDEA 7

猜猜在哪邊？

好像變聰明了呢…！

▷▷▶ **用直覺**
猜猜看在哪邊

這是將獎勵品藏在手中，猜猜看在左右哪一邊的遊戲。做法是：讓鸚鵡看獎勵品，藏在背後、握在一隻手中，兩手握拳後伸到鸚鵡前面，問牠「哪一邊？」、如果選到正確答案，就打開手給牠獎勵品。依照這樣的順序進行。

有各式各樣的遊戲呢♪

IDEA 8

追逐遊戲

來抓我呀♪

▷▷▶ **和飼主**
認真一決勝負！

這是用手或玩具追逐鸚鵡的遊戲。鸚鵡會為公平的輸贏燃起鬥志，所以會認真地挑戰。只是，如果出現害怕的徵兆（P.110）就要中斷遊戲。反之，讓牠去追逐逃跑的東西也很有樂趣。

IDEA 9

轉圈圈

看我輕鬆地
轉呀轉！

▷▷▶ 在原地轉圈圈
的簡單才藝

這是接受飼主的指令，在原地轉圈圈的遊戲。不管是在地板上還是棲木上都可以挑戰。做為鸚鵡的「絕技」之一，請務必要教導牠。可以選擇鸚鵡反應較佳的一方來選擇向右轉還是向左轉。

也推薦這個！

用手指讓牠前滾翻

就是在飼主的手指上進行自己玩遊戲之一的前滾翻（P.82）的遊戲。以和轉圈圈相同的順序來做練習吧！

〈 練習看看 〉

1.

拿著獎勵品，讓牠從正面轉動到90度的位置。固定在鸚鵡剛好搆不到的高度。

2.

如果轉到1的位置，就給牠獎勵品。就像這樣，讓牠再度從1移動到90度的位置。

3.

反覆這樣做，鸚鵡每轉動90度，就給予少量的獎勵品。如果能夠旋轉一圈，就要大力稱讚牠。

IDEA **10**

看不見看不見，哇～

看不見
看不見……

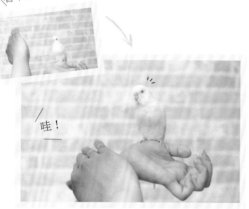

哇！

▷▷▷ **和鸚鵡一起玩**
小朋友必玩的遊戲

和鸚鵡一起玩玩看人類小孩也最喜愛的
「看不見看不見，哇～」的遊戲吧！讓
鸚鵡停在手上或棲木上，用手掌阻斷飼
主和鸚鵡的視線，然後說「看不見看不
見」，接著說「哇！」地將手放下，露
出臉來。

IDEA **11**

跳舞

▷▷▷ **用歌聲和動作**
共享快樂的心情♪

配合飼主的歌聲和手指的動作，或是擺頭或是
踏腳的跳舞遊戲。不同的鸚鵡會展現個性不同
的舞蹈。

也推薦這個！

一起萬歲！

這是飼主一邊說「萬歲！」一
邊將兩手舉高，鸚鵡也一起展
開翅膀的遊戲。這個遊戲也可
以共同擁有聲音和動作。

教牠說話和唱歌

會說話的鸚鵡、不會說話的鸚鵡

說到其他寵物所沒有的鸚鵡最大的特徵，就是「會說話」。在非洲灰鸚鵡之類的大型鸚鵡中，甚至有還會視狀況選擇用語，彷彿跟人對話般可以流暢說話的鸚鵡。

不過，也不是所有的鸚鵡都會說話。當然，也有公認為擅長，或是拙於說話的性別、鳥種，不過其中絕大部分都是因為個體差異的關係。請不要勉強教導，做為感情交流的一環，愉快地挑戰看看吧！

順帶一提，不只是讓鸚鵡說人話，由飼主來說說「鸚鵡話」，也能取得感情的交流哦！

說話是交流的一環

鸚鵡之所以會說話，是來自於牠們為了取得和同伴或伴侶（＝飼主）間的交流，而想要使用相同聲音的關係。因此，用食物等引誘，當作「才藝」地教導是沒有效果的。必須要變成鸚鵡想「希望和這個人取得感情交流」的對象才行。這就是讓鸚鵡善於說話的捷徑。

一起來玩吧♪

▷▷▶ 教導和場合相關的話語

例如早上起床就說「早安」，回家時說「歡迎回來」等等，想要讓牠能說出適合該場合的話語，依照場地教牠說話就是重點。例如，如果想教牠說「歡迎回來」，回家後就不能對鸚鵡說「我回來了」，而是要對牠說「歡迎回來」。每天反覆這樣做。

歡迎回來！

教導說話和唱歌的 重點

鸚鵡學會說話的速度
會依個體而異。
請愉快地、
輕鬆地教導牠吧！

▷▷▶ 活用對手榜樣法

不妨活用對手榜樣法（P.69）。必須有鸚鵡喜愛的飼主和助手角色（人也OK）。助手說出正確的話語後，飼主就給予獎勵品。就像這樣，讓牠看見競爭對手（＝助手）受到稱讚的樣子，煽動鸚鵡的競爭心。

▷▷▶ 充滿感情地對牠說話

話語不是聲音而已，而是交流的工具。因此，鸚鵡不會對CD的聲音或是不含感情的話語有所反應。請戲劇性地、充滿感情地對牠說話吧！

> **POINT**
> 鸚鵡之所以會學到罵人的話或是「好痛！」之類的話語，也是因為這些話含有感情的緣故。請注意你所說出的話。

▷▷▶ 製造說話的必要性

當直接接觸時就沒有說話的必要了。從遠離籠子的地方對牠說話，以引出鸚鵡「想要說話以取得交流」的心情。

盯……　　給我

注意「說」

有些鸚鵡會說「說我回來了」、「說你好」。這是因為飼主在教導的時候，會對牠說「說『早安』」。在教導說話的時候，請只發出想要牠說的句子。

說早安！

不怕人

如何成為具有社交性的鸚鵡？

社交性
在緊急時是必要的

在飼養鸚鵡的世界，社交只侷限在同伴和伴侶之間。此外，因為沒有必要像狗一樣外出散步，或許會有人以為「應該不需要具備社交性吧！」。

然而，還是有要前往醫院等必須陪同鸚鵡外出的時候。那時，如果從來沒有接觸過他人或是外出的經驗，鸚鵡就會承受莫大的壓力。

而且，僅和飼主相處的二人環境，可能會導致鸚鵡陷入唯一的狀態（P.57）。一旦陷入

唯一狀態，可能會不接受伴侶以外的人的照顧，或是對其他人變得具攻擊性。

為了解決這些問題，必須讓鸚鵡具備某種程度的社交性。目的有兩個：讓牠習慣飼主以外的人、緩和對不同環境的抗拒感。因此，在左頁會介紹希望飼主進行的兩個方法。

要擴展我的世界喲♪

社交性訓練上的NG行為 ✕

Case 1
依人的方便性安排日程計畫

即使已經安排好時間表了，但是當天如果天氣不好，或是鸚鵡的身體狀況不好，還是中止吧！

身體狀況不太好呢！

Case 2
過度配合鸚鵡

話雖如此，過度配合鸚鵡是沒有意義的。就算對來客或是外出多少有些緊張，只要身體狀況等沒有問題，還是可以繼續進行。

下次再進行吧！

方法1

邀請人到家中

想要解決唯一狀態、怕生的問題，可以邀請第三者到飼主的空間（＝家）。剛開始時只邀請一個和飼主同性別的人，可以降低抗拒感。

> **POINT**
> 請來的最好是習慣照料鸚鵡的人。可以在事前告知目的，以改善鸚鵡怕生的問題為主要目標。

歡迎！

② 請客人給牠零食

如果鸚鵡顯得平穩，就請客人給牠零食。這時，請飼主站在旁邊，用溫柔的聲音對牠說話。

① 剛開始時 要從遠處守護牠

觀察鸚鵡的模樣，如果有對來客感到害怕的樣子，請不要立刻靠過去，而是要先觀察情況。只要飼主和來客融洽地交談，恐懼心就會逐漸緩和下來。

搭乘交通工具時

上醫院、搬家等，為了替必須搭車外出時做準備，最好在事前就讓牠逐漸習慣。行車時請裝入提籠中，絕對不可以讓牠出來外面。電車移動時也要裝入提籠中。採取用布完全覆蓋，只打開一部分之類可讓鸚鵡最能感覺安穩的方法。

要遵守規則哦！

方法2

試著一起外出

突然做長時間的外出會造成負擔，所以剛開始時僅止於在附近散步的程度。提籠要確實上鎖，小心注意以免鸚鵡脫逃。

了解鸚鵡的真心話

你曾經有過看到鸚鵡的舉止和行為後，
覺得牠「大概在生氣吧！」、「大概心情很好吧！」的情況嗎？
不過，你的想法真的正確嗎？或許鸚鵡真正的心情會出乎飼主的意料哦！

不要搞錯了！鸚鵡真的是在高興嗎？

用力拍手，或是大聲告訴牠「好棒哦！」……這種牠們認為是在稱讚他人的舉動，對鸚鵡來說或許不覺得正受到稱讚，反而可能會對飼主的舉動感到害怕或憤怒。請不要用人的角度，而是用鸚鵡的角度來思考吧！

其實是很討厭的喲！

對牠
・招手
・拍手

真心話

有人在眼前揮手或是發出很大的聲音，可是會讓我害怕、受到驚嚇的喲！希望你慢慢地動作喲！

現在正全神貫注呢！

・出聲加油

真心話

遊戲的時候對我說一大堆話，會讓我分心「你到底想說什麼？」句子請簡單明瞭！

POINT
對牠說話或下指令時，句子請簡單且減少頻度！當牠優雅地完成訓練等時，請決定好稱讚的時機。

・在鸚鵡眼前搖動玩具

真心話

在我的眼前咻咻地搖動第一次看到的玩具，偏偏我本來就會害怕第一次看到的東西了……搖動起來會讓我更害怕。

· 改變聲調對牠說話

呼喚名字的時機

「小皮，好玩嗎？」像這樣包含名字地對牠說話，有些鸚鵡會對自己的名字做出反應而中斷遊戲。這樣或許會削減鸚鵡的專注力！？

啥事？

小皮!! ♪ 小皮

真心話 如果你心想的是「低聲＝注意」，很可惜這對我們來說並不適用。我們只會模仿低聲來玩！

· 鼓起羽毛後，「呼～」地吹氣

真心話 這是我們鸚鵡要打架時的信號。是生氣程度的最高點！所以，飼主間常說的「鸚鵡如果咬人，就對著牠的臉吹氣」的處置方法，其實是錯的！對我們來說，那就像是要找碴一樣呢！

什麼啦～！

· 鼓起臉部的羽毛

真心話 臉部周圍的羽毛蓬鬆地鼓起來，是正在生氣的時候！不過，偶爾放鬆的時候也會這樣做哦！請注意觀察眼神的銳利度來做判斷。

其實是討厭？或許吧！

豎起羽毛的情況

真心話 用雞尾鸚鵡的冠羽來說明會比較容易了解。驚嚇的時候或是發現有興趣的東西時，我們就會把頭頂部的羽毛豎立起來。不過，生氣的時候也是有可能豎立起來的。

生氣的時候也會豎起來喔！

其實是喜歡的唷！

只要有所反應，或許心裡其實是喜歡的！

大家經常誤會的選有，明明是鸚鵡很喜歡的玩具，飼主卻認為「牠好像討厭這個玩具」地拿掉了。看到鸚鵡激烈攻擊玩具的樣子，從人類的心理來看，會認為「牠大概不喜歡吧？」也無可厚非。

不過，對於真的沒有興趣、討厭的東西，鸚鵡是不會靠近的。

・激烈搖晃籠內的玩具

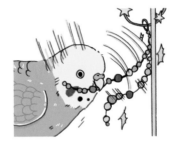

真心話　雖然發出鏗鏘鏗鏘的莫大聲音，不過很好玩，而且可以紓解精力哦！雖然看起來好像是在攻擊玩具，其實這樣做是在散發精力。

・丟落東西

真心話　把東西丟落，飼主就會撿起來，其實是正樂於「我丟→飼主撿→再丟」的遊戲啦！

・翅膀開開合合地動作

真心話　可不是翅膀或是腋下癢喲！高興且心情愉快的時候，就會讓翅膀開開合合的。如果看到我正在開合翅膀，就來跟我玩特玩吧！

> **POINT**
> 正在開合翅膀時，對牠吹口哨或是讓牠停在手上後上下移動，會讓鸚鵡更高興喔！

112

· 在棲木上急躁地 左右來回跳動

真心話 是「來玩嘛～」的劇烈表現啦！想玩想到憋不住了，停不下來啦～

· 歪著頭

真心話 並不是對什麼有疑問，在表示「為什麼？」，而是表示興趣濃厚時的舉動。這是當發現或聽到事物，無法判斷那是什麼時，為了想要看個仔細或聽個仔細，而改變了腦袋的角度啦！

這裡，搔一下！

真心話

· 嘟嘟噥噥
一放輕鬆，就會嘟噥嘟噥地說話。

· 上下擺頭
是興奮到最頂點的時候喲。

· 搖晃身體
因為高興，所以正在跳舞！Let's dance♪

· 低頭

真心話 希望你搔頭時，或是覺得被搔得舒服極了～♡時，就會低下頭喲！如果不知道搔頭的時機，就用這個信號做為標的吧！

其實很高興？或許吧！

· 拍動翅膀

真心話 常被誤解為「住手！」等拒絕的意思，其實不只是那樣哦！因為「好想飛到飼主那裡～」的時候也會這麼做。

· 嘎嘎叫

真心話 有時是因為感到不快或是警戒心而大聲嘎嘎叫，不過非常快樂、興奮度到達最高點時，也可能會不經意地變大聲哦！

嘎一嘎一
真高興一♪

不要自以為了解鸚鵡真正的心情！

鸚鵡當然也有「高興」、「不高興」以外的心情。不過，鸚鵡「做了某種舉止＝怎樣的心情」，有時是無法一概而論的。在判斷上，絕大部分要仰賴飼主的經驗，不過，想要理解鸚鵡心情的態度才是最重要的。

心情會依每個時候而不同哦！

・對飼主做出理毛的動作

真心話 有時在親密的膚觸關係下會這樣做，也可能是覺得飼主的反應很好玩，或是在希望你逗弄的時候做這樣的動作喲！

・鑽進頭髮中

真心話 這是常見於牡丹鸚鵡或桃面愛情鳥的動作。可能是單純地對頭髮的觸感覺得很有趣，也可能是希望你跟他玩時出現的動作。還有，也可能是發情了，所以要仔細觀察哦！

・拉扯衣服

真心話 表示「逗我玩啦～」的時候，或是單純在玩的時候。如果是喜歡布類玩具的鸚鵡，也經常可見喜歡衣服的案例！

・展開尾羽

真心話　有時是為了讓身體看起來比較大，顯示自己強壯，不過也可能是單純受到驚嚇而展開的喲！

・乘在人的肩膀或頭上

真心話　因為比乘在手臂上更有穩定感啊！還有，對人有興趣的時候，也會希望儘量待在近處哦！也可能是「希望待在近處，卻又不想被摸」的矛盾心情，因而乘在肩膀或頭上，而非手臂上，請注意。

開始的信號是？

・做做伸展

真心話　或是抬起一隻腳，或是伸展翅膀、提高兩翼的動作，是「開始玩囉！」的信號，就像伸展操一樣。這時正是幹勁十足，所以別讓這個機會溜走了！

是想結束的信號啦～

・快速地擺動尾羽

真心話　快樂地玩過了，差不多想要結束的時候，就會快速地擺動尾羽。如果真的厭煩了，可能會咬人什麼的，所以在這之前就結束吧！

和氣溫或本能相關的心情

冷、熱、想睡的信號很容易分辨！

本頁中介紹的鸚鵡動作，不會因為各個時候而有不同的意義。如果出現這種動作，請採取適當的處理方法。

覺得冷或是熱，會直接關係到健康管理，請注意不要忽略了！

·張開翅膀＝覺得熱

真心話

這是感覺熱的時候。我們的身體在構造上是不會流汗的，所以會想張開翅膀散熱。室溫太高了，希望你調低到適當溫度哪！

·鼓起羽毛＝覺得冷

真心話

是感覺寒冷的時候。一冷就會鼓起身上的羽毛，或是把臉埋進背部取暖。這時要確認室溫哦！忍耐疼痛的時候也會出現這種舉動，所以如果保溫了卻還是一直鼓起羽毛時，就有可能是疼痛。

·吐出吃下去的東西

真心話

對著伴侶鳥或是飼主回吐，是發情的動作喲！左右擺動頸部撒散食物時，是身體不舒服的信號，請帶往醫院檢查！

·鳥喙相互摩擦

真心話

鳥喙互相摩擦發出聲音時，是想睡覺的時候。不要過度逗弄我，讓我睡覺吧～

啾哩
啾哩

飼養鳥才有的睡姿

野生的鳥兒不知道什麼時候會有危險，所以不會仰睡。如果愛鳥是仰睡的，那是對飼主全盤信賴的證明。只是，並非所有的鳥兒都會這麼做，所以就算沒有仰睡，也請不要以為是不受信賴。

PART
3

健康地
飼養鸚鵡

為了讓鸚鵡永保健康

心理的健康
會帶來身體的健康

鸚鵡生病的極大原因是「壓力」和「運動不足」。本來，野生鸚鵡是自由地四處飛翔度日的生物。一天的大半時間都待在籠中度過的生活，會成為壓力和運動不足的原因。

壓力，也是引起自己拔掉羽毛的「啄羽症」，甚至啃咬皮膚的「自咬症」的原因。這些行動，都是鸚鵡意圖想辦法消除壓力的自我刺激行動之一。儘量增加放鳥時間或是共處的時間，可以減輕鸚鵡的壓力。

另外，運動不足造成血液循環低下或是氧氣攝取不佳，可能會導致鸚鵡的健康崩壞。

野生的鸚鵡，會為了尋找食物或是紓解壓力而飛行，確保充分的運動量。另一方面，人工飼養的鸚鵡，因為飲食受到保障，所以壓力一旦被消除也就不飛行了。這時，可以調整平日的飲食不要過度給予，放鳥時也要想辦法讓牠進行覓食活動（84頁）等，才能確保必需的運動量。

剪羽是否會比較好？

也有可能成為肥胖或壓力的原因

剪羽就是剪掉羽毛，讓鸚鵡無法飛行。雖然也有人考慮到放鳥時的安全而推薦剪羽，不過這樣會導致運動不足或欲求不滿。還有，就算新的羽毛長齊了，也會變成不自然的飛行方式，所以並不推薦。

好想飛啊！

飼主的笑容極為重要

野生的鸚鵡，會和同伴結群生活。在群體中，牠們會做情報的收集和交換、警戒和聯絡等，彼此守護。因此，對於同伴們的異常變化，尤其是對「不安」會敏感地反應。為什麼呢？這是因為對鸚鵡而言的「不安」，通常是表示敵人來襲之類與性命攸關的大事。就像這樣，鸚鵡是可以從對手的表情和行動感覺捕捉到「非語言部分」的。

飼養下的鸚鵡，會受到飼主精神方面極大的影響。例如，飼主如果感到寂寞和不安，鸚鵡對此也會有共同的感覺。不過，牠並無法理解飼主「為什麼不安」。因為鸚鵡能夠讀取喜悅或不安、憤怒、恐

懼等突發性引起的「情緒」，卻無法感覺到「情緒」持續的情感。因此會抱持莫名的不安，而對鸚鵡形成極大的壓力。

例如，當鸚鵡的身體狀況不好時，你是否會對牠說「你還好吧？」這樣的話？飼主因為擔心而變得不安是理所當然的，但飼主若顯得不安，這種不安也會傳達給鸚鵡，可能會讓牠的身體更難以回復。請不要說「你還好吧？」，而是要鎮靜地對牠說「沒事的！」，好好帶給鸚鵡安心感。

想要鸚鵡活得健康長壽，飼主充滿活力的生活是很重要的。只要能經常露出笑容，鸚鵡也將會變得精力充沛。

讓鸚鵡活得健康又長壽的 4個重點

1 不讓鸚鵡依賴

過度干涉會妨礙鸚鵡的獨立心。還有，當飼主不在時，鸚鵡也可能會感到極大的不安。

2 飼育成和人有適度關聯的鸚鵡

不只是和飼主生活而已，要在合理的範圍內讓牠和家人以外的人接觸，讓牠習慣人。

3 飼育成能夠獨自生活的鸚鵡

鸚鵡能夠自律到讓飼主覺得「這孩子就算少了我也沒問題」的程度，才是最理想的。

4 確保鸚鵡的運動量

增加運動量，促使體內分泌好的荷爾蒙，讓鸚鵡產生活力。

鸚鵡飲食的基本

維持健康必須有正確的飲食管理

飼養下的鸚鵡，只能從飼主給予的飲食來攝取營養。更且，由於喜愛種籽的鸚鵡居多，所以能夠均衡攝取到理想營養的顆粒飼料並不普遍。因此，飼主在給予飲食時若不考慮到營養均衡，就會造成營養偏頗或是不足。很多鸚鵡就是因為這樣而生病的。了解對鸚鵡而言的必需營養，維持心愛鸚鵡的健康吧！

〈 副食 〉

- 黃綠色蔬菜
- 野草
- 含鈣飼料

能夠補充主食無法獲得的營養。蔬菜或含鈣飼料等，請先考慮營養不足的方面再給予。

〈 主食 〉

- 種籽
- 顆粒飼料

種籽是接近野生狀態下飲食的食物，顆粒飼料則是含有必需營養的食物。選擇適合鸚鵡的食物吧！

〈 零食 〉

- 市售的零食
- 水果

請善加活用來做為獎勵品和交流溝通的手段。過度給予，會成為鸚鵡肥胖的原因，必須注意。

要考慮到我們的營養哦！

理解鸚鵡的食性

我們也是有好惡的喲～

蜜食性

以花粉或花蜜為主食。副食方面，可少量給予蔬菜或水果。
◀ 虹彩吸蜜鸚鵡
◀ 黑頂吸蜜鸚鵡等

穀食性

以穀類和種籽做為主食。副食方面，建議給予蔬菜類。
◀ 虎皮鸚鵡
◀ 雞尾鸚鵡等

果食性

以水果和堅果為主食。不過水果的糖度高，請做為副食僅限少量給予。
◀ 折衷鸚鵡等

雜食性

以植物和昆蟲為主食。副食方面，建議蔬菜和水果，昆蟲則推薦市售的麵包蟲。
◀ 伯克氏鸚鵡等

給食方法的基本

▷ 次數

基本上一天一次即可！

在固定的時間，一天給予一次。早上給予時，到了傍晚請檢查食物減少的情況。

▷ 分量

每天測量體重

適當的飲食量，會依鳥種和體重、換羽的時期而異，所以請諮詢獸醫師。每天量體重，檢查是否太胖了。

想要吃得飽飽的哪！

POINT
在意肥胖時，可和獸醫師商量後，將決定好的量一日分成2～3次給予。

給予
種籽時……

主食
種籽（穀物飼料）

種籽是植物的種子，也是最普遍的主食。首先推薦混合好幾種植物的綜合種籽。不足的營養則由副食等來補充。

▷▷▶ **選擇帶殼的種籽**

種籽有分「帶殼」型和「去殼」型。去殼的容易敗壞，營養價值也會隨著時間降低，所以健康的成鳥請給予帶殼的種籽。

帶殼

去殼

▷▷▶ **注意保管方法**

種籽最怕溼氣和長蟲了，因此請裝入可以完全密閉的容器內，保管在陰涼處。請每天檢查種籽是否敗壞。

〈 種籽的種類 〉

加那利籽

富含蛋白質，很多鸚鵡都很愛吃。注意吃太多會成為肥胖的原因。

綜合種籽

混合有小米、稗子、黍子等的類型。依鳥種不同而有豐富的種類。

小米

熱量低，富含碳水化合物、蛋白質、鈣質和維生素B1。

燕麥

有豐富的蛋白質和鈣質。脂質也多，注意不要過度給予了。

稗子

富含鈣質。熱量低，多給一些也沒關係。

脂質少，蛋白質和鈣質多。建議做為零食給予。

蕎麥

黍子

熱量低，富含碳水化合物。此外，脂質和鈣質也比較少。

給予 顆粒飼料時…

主食 顆粒飼料（滋養丸）

顆粒飼料是均衡含有鸚鵡必需營養成分的綜合營養食物，基本上並不需要搭配副食。只是因為嗜口性不佳，所以有些鸚鵡會不肯吃。

▷▷▷ 嘗試各式各樣的種類

大部分的顆粒飼料都是國外進口品。可能會缺貨，或是因為某些原因而無法購得。平日就要先讓牠習慣各式各樣的顆粒飼料，萬一買不到時也可安心。

▷▷▷ 根據顆粒飼料的量，併用補充食品

顆粒飼料原本就是營養均衡完整的飲食。不過，當顆粒飼料低於全體飲食量的7成時，就必須藉由補充食品或副食等來補充營養。另一方面，如果超過全體飲食量的7成時，併用補充食品將會變得營養過剩，同樣可能會造成鸚鵡身體狀況變壞。在鸚鵡的營養方面，若有不放心的事項，還是先找獸醫師諮詢吧！

吃東西就是幸福♪

〈 顆粒飼料的種類 〉

▷ 彩色型

五顏六色，每一種顏色的口味和形狀也都不同，讓用餐時光充滿樂趣。只是糞便也容易出現顏色，所以僅止於偶爾來點樂趣的程度。

▷ 自然型

沒有染色，方便飼主從糞便檢查健康狀態，推薦使用。顆粒大小不同的製品很多，請選擇適合鸚鵡的。

---------- ▷ 不同身體狀況型 ----------

低脂肪食品

適合有肥胖傾向的鸚鵡的低脂肪食品。給予的時候，請勿做個人判斷，在獸醫師的指導下給予適當的量吧！

處方食品

在獸醫師的指導下處方的飲食療養食品。配合鸚鵡的身體狀況而製作，讓牠能夠攝取到必需的營養。

> **POINT**
> 以種籽做為主食且有偏食傾向時，可能會造成營養不足。建議更換成顆粒飼料。
> ➡ 詳細請看 P.62

給予
副食時……

▷▷▶ 先確認鸚鵡是否可食用

人吃的食物中有很多對鸚鵡來說是有毒的東西。在給予之前，必須先確認過是否為鸚鵡可以吃的東西後才可以給牠。

▷▷▶ 注意給予的量

不同鳥種或體型大小、主食為種籽還是顆粒飼料等，依照各種不同的狀況，所給予的副食也不盡相同。如果不適量地給予，就可能會成為肥胖或疾病的原因，請注意。

副 食

以種籽為主食時，必須用副食補充不足的營養。就算是以顆粒飼料為主食，將副食當作零食給予，也可為鸚鵡帶來不少樂趣。

▷▷▶ 選擇新鮮的食物

蔬菜請選擇新鮮的。充分洗淨，完全瀝乾水氣後再給予。如果是無農藥蔬菜或是自己栽種的蔬菜，鸚鵡食用也可安心。

〈 其他的蔬菜 〉

南瓜　　小黃瓜　　紅蘿蔔

POINT
在切工上用點心思，就能增加鸚鵡的樂趣。水分多的高麗菜或美生菜可能會成為下痢的原因，請注意。

〈 野草 〉

給予時請充分洗淨。

薺菜

繁縷

苜蓿

〈 青菜 〉

富含維生素和礦物質。

水菜

小松菜

青江菜

〈 補充食品 〉

維他命劑

補充吃種籽導致不足的維生素，推薦使用綜合維他命。

〈 含鈣飼料 〉

牡蠣粉

將牡蠣殼研碎而成。水洗後，以日光消毒並乾燥。

墨魚骨

將墨魚軟骨加工而成。有助於消化，對於有胃腸疾病的鸚鵡也很好。

給予零食時……

▷▷▶ 做為交流的手段

零食可以做為和鸚鵡交流的手段。遊戲中如果能夠得到獎勵品，一起玩將會變得更有樂趣，也能加深關係。

▷▷▶ 注意肥胖！

零食大多是高熱量的東西，必須注意不要給予過多。偶爾給予可以增加特別感，也能為鸚鵡帶來喜悅。

零食

零食請在特別的時候給予。有技巧地給予，可以加深和鸚鵡之間的感情交流，也可以成為鸚鵡的樂趣來源之一。

最喜歡零食了♥

〈 水果 〉

水果的水分和糖分都很多，請做為偶爾才給的零食。一次的量僅止於一小片的程度。

橘子

香蕉

蘋果
※種籽不可給予

〈 市售的零食 〉

市售商品中也有各式各樣的零食。請找出鸚鵡喜愛的零食吧！

水果乾

小米穗

種籽塊

不可給予的食物

人的食物中有些是鸚鵡吃了會中毒的東西。先來掌握不可給牠吃的東西吧！

▷ 蔬菜・水果

洋蔥類

水果的種籽

蒜頭

酪梨

黃麻菜

▷ 加工食品等

豆類

麵類

米飯、麵包

咖啡

巧克力

蛋糕

我不能吃喔！

整理籠內環境

籠子

整理成對鸚鵡來說
最容易生活的場所

要讓鸚鵡在裡面度過一天大半時間的籠子，請選擇放在家人看得到、又不會給鸚鵡帶來太大壓力的地方。野生的鸚鵡是群居生活的，所以牠們非常喜歡和同伴在一起。選擇放在家人經常聚集的客廳等最為理想。擺放籠子的高度，大約和人站立時的視線相同即可。

飼料盒或飲水盒要放置在鸚鵡容易使用的位置，玩具則要設置在不會礙事的靠邊處。請考慮適合該鸚鵡的配置。

希望能和家人一起度過♥

不可放置鳥籠的場所

▷ 人的出入頻繁或經常有聲響的地方

鸚鵡無法安穩地生活，可能會累積壓力……

▷ 在火旁邊或廚房附近

廚房經常使用火和油，是非常危險的場所。

▷ 一天中的溫差較大的地方

溫差對鸚鵡來說是大敵。會照到直射陽光的地方也請避免。

▷ 幾乎沒有人的地方

最喜歡跟人在一起的鸚鵡。獨處會變得不安。

一般的鳥籠布置

溫溼度計

溫溼度計非常重要。安裝在鳥籠的外側，以便隨時可以查看。

插菜筒

可以掛在籠子上的類型比較方便。也可以用夾子之類的裝上去。

玩具

放入太多不同的玩具會讓鸚鵡覺得侷促。大概1～2個的程度即可。

溫度 溼度 ONDO
24℃ 50%

INKO

飼料盒

放在容易進食的位置。會打翻容器的鸚鵡，建議使用可固定在籠子上的類型。

棲木

做為鸚鵡休息的地方。棲木的大小，請選擇適合腳部大小的類型。

飲水盒

設置在鸚鵡容易飲用的位置。也可以準備牡蠣粉盒等。

清掃・照顧

清掃・照顧的方法

以清潔的環境來預防疾病

籠內保持清潔，對鸚鵡的健康來說是非常重要的事。清掃的時候，請檢查排泄物和飲食的量，掌握鸚鵡的健康狀態。還有，整理完備的清潔環境，也可以預防皮膚病等疾病。

要每天進行整個鳥籠的清掃是很辛苦的一件事。先來知道最好要勤於清掃的部分，以及一個月只要清掃一次即可的部分，經常保持籠內的清潔吧！

準備好會比較方便的物品

▷ 抹布…用於籠內的擦拭清潔。
▷ 牙刷…使用在鐵絲網等細部的清掃。
▷ 迷你掃帚組…便於用在籠子周圍的清掃上。
▷ 海綿…要準備清洗籠子用和清洗飲食容器用的。
▷ 刮板…用於隔糞網板的清掃上。
▷ 寵物用清潔劑…用一般寵物用的清潔劑即可！

保持清潔最重要！

〈 必須勤做的清掃 〉

飲食容器的洗淨和籠底的鋪墊更換必須每天進行。隔糞網板的清掃和飲食容器的消毒只要每週一次的程度即可。

· 隔糞網板的清掃
· 籠底的清掃＆更換鋪墊
· 飲食容器的洗淨＆消毒

〈 每月一次的清掃 〉

每個月一次，要清洗整個籠子。先將鸚鵡移到外出籠中，將籠子的零件分解·洗淨，去除水氣後晾乾。乾燥後組裝起來即可。

要溫柔哦！

必要的照顧，請有耐心地加以熟練

鸚鵡幾乎沒有必須每日進行的清潔護理。偶爾必須做的，就是確認腳爪是否過長。

不過，飼主若想幫牠剪趾甲，就必須要做抑制鸚鵡亂動的「保定」。如果能夠進行「保定」，萬一鸚鵡生病，必須投藥或強制餵食時，也會大有幫助。只不過，鸚鵡只要有過一次可怕的經驗，可能會立刻形成心理創傷。請不要勉強，慢慢地熟練技巧吧！

正確的保定方法

小型

用一隻手包住整個身體般，以食指和中指輕柔地夾著頸部，其他的手指不用力地輕輕包住。注意避免扭擰到頸部或是壓迫到胸部。

中型～大型

從頭到腳，用毛巾從背部包住。以拇指、食指、中指固定鸚鵡的頭，用另一隻手支撐身體。注意毛巾不要包住胸部。

〈 剪趾甲 〉

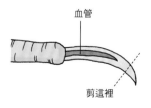

血管

剪這裡

腳爪過長時，必須進行修剪趾甲的護理。萬一發生出血狀況，用棉花沾取少量的止血劑，按住爪子的斷面5～10秒左右就能止血了。如果覺得有困難，就不要自己剪，像這種會被鸚鵡討厭的工作，還是交給獸醫院或寵物店來做吧！

止血劑

趾甲剪

環境

保持舒適的溫度・溼度

進行適合鸚鵡的溫度・溼度管理

鸚鵡依鳥種不同，感覺舒適的溫度和溼度也不一樣。不過，只要是健康的成鳥，就不需要那麼神經質。雖說夜晚會比白天寒冷，可是夜晚若是提高溫度，可能會讓鸚鵡睡不著，或是進入發情模式。而且，長時間處於保持在固定溫度・溼度的環境中，也是發情或換羽期持續的原因……某種程度地讓牠感受到不同的季節也是很重要的。觀察鸚鵡的情況來做調節吧！

〈 理想的溫度・溼度 〉

溫度　・幼鳥、老鳥、病鳥→**26～32**℃

儘量打造常保溫暖的環境。

・健康的未成年鳥、成鳥→**20～25**℃

配合鸚鵡的情況和鳥種來做調節。

溼度　・**50～60**％

經常保持在固定溼度的環境，有促使發情之虞，請注意。

人家很怕冷呢！

130

溫度・溼度管理的重點

▷▷▷ 注意「過度溫暖」的問題

超過必要以上的溫暖，可能會讓鸚鵡誤以為發情期到了。只要是健康的成鳥，自己就能適應溫度變化，身體也會產生抵抗力，所以不需變得過度神經質。

▷▷▷ 注意溼度管理

如果是成鳥，經常保持在固定的理想溼度，就有促使產卵和發情之虞。請視乾燥的情況，以避免過度乾燥的程度，在溼度管理上做出變化吧！

〈 暑熱季節 〉

小心中暑

比較起來，鸚鵡是比較耐熱的，不過長時間待在超過35℃的環境中，還是有無法調節體溫導致中暑之虞……覺得牠好像很熱的時候，請降低室溫，移動到涼爽的場所。

這樣的情況很危險！

▷ 張開嘴巴劇烈地呼吸

▷ 嘴巴呈半開合的狀態

▷ 翅膀沒有貼附住腋下，以浮起的狀態上下拍動

〈 寒冷季節 〉

使用保溫器具來調節溫度

鸚鵡大多來自酷熱地區，所以對寒冷有點敏感。當寒冷狀態持續，免疫力會降低，可能會成為身體狀況崩壞的原因。請觀察鸚鵡的情況，利用保溫器具來調節溫度吧！

這樣的情況很危險！

▷ 豎立、鼓起全身的羽毛

▷ 腳部感覺冰冷

▷ 將臉埋在背部的羽毛中

要出去囉～

安全地放鳥

放鳥前請先檢查！

☐ 門窗已經確實關好

一定要仔細確認，以免鸚鵡逃走。

☐ 沒有鸚鵡會進入的隙縫

萬一夾在隙縫間，鸚鵡是無法自行脫困的。放鳥前請先堵住。

☐ 沒有容易誤吞的小物類

喜歡啄咬的鸚鵡。要是啄咬後吞下碎片可就糟了。

☐ 危險的東西要收拾好

將電線或熨斗等可能導致意外的危險物品收好。

可以加深彼此關係的重要時間

可以在籠外自由玩耍的「放鳥時間」，是能夠加深和鸚鵡之間的信賴關係的重要時間。飼主如果心不在焉地邊看電視或是邊玩手機，鸚鵡的心情將會變得非常低落⋯⋯將「放鳥時間」設定為飼主和鸚鵡面對面的時間，藉由一起玩來加深信賴關係吧！為了要有快樂的「放鳥時間」，重點在於放鳥前請先檢查周遭是否有對鸚鵡而言的危險物品，放鳥時也必須在一旁盯著。

打造快樂的放鳥時間

▷▷▶ 決定好時間

在飼主能將注意力放在鸚鵡身上的時段，決定好例如每天1個小時的「放鳥時間」。這個時間要做為和鸚鵡面對面的時間，儘量多跟牠玩。

要多多跟我玩喔♪

▷▷▶ 在室內
打造遊樂場

鸚鵡大多很愛玩，不妨打造一個放鳥時可以玩耍的空間。想一想什麼樣的東西可以讓牠喜歡，怎麼做才能讓牠願意玩，也是一種樂趣。

▷▷▶ 放鳥時絕對
不能分心

籠子外面對鸚鵡來說是充滿危險的。在放鳥時間請守護鸚鵡的安全。放鳥時如果還一邊做其他事，在鸚鵡遭遇危險的時候會無法立刻反應。

▷▷▶ 盪鞦韆

多費一點工夫，在自製的鞦韆上安裝鈴鐺和手機吊飾，就能讓牠快樂地玩耍。鸚鵡非常喜歡會發出聲音的東西。

快樂遊樂場的
構思

▷▷▶ 休息處

打造放鳥中鸚鵡也可以休息的地方。鸚鵡喜歡高處，最好儘量設置在較高的位置。

▷▷▶ 遊戲空間

這是在曬衣架上掛滿玩具的遊戲空間。建議吊掛鸚鵡最喜歡的五彩繽紛的東西。

讓牠安全地獨自看家

獨自看家

全家外出最多兩天一夜

「只留鸚鵡獨自看家，沒有問題嗎？」——會如此擔心的人並不少。可是，鸚鵡對環境的變化很敏感，所以長時間的外出有時可能會成為壓力。只要健康狀態沒有問題，事前做好充分的準備，兩天一夜左右讓牠獨自看家是可行的。如果要長期外出時，最好託付給可以信賴的朋友或是經常往來的動物醫院等。此外，如果一開始就長期託付，突然的環境變化可能會造成鸚鵡的身體狀況崩壞。還是先從短時間開始讓牠習慣，觀察一下情況吧！

〈 可以獨自看家的條件 〉

1

是健康的成鳥

幼鳥或老鳥、病中病後的鳥，身體狀況可能會急遽惡化。一定要託付他人。

2

只外宿一晚

即使做好準備，突然的停電也可能會造成空調不運轉。儘量不要外宿超過兩晚。

3

保持房間的溫度‧溼度

以能夠用空調等來保持室溫為大前提。避免氣溫會突然發生變化的夏天和冬天。

▷▷▶ **託付給動物醫院**

如果是病中病後或是會擔心身體狀況的鸚鵡，最好託付給經常往來的動物醫院。可以經常處於獸醫師或護士的看照之下，就算有突發的身體狀況變化也能立刻應對，讓人安心。

條件無法滿足時……

▷▷▶ **託付給寵物旅館**

另一個方法是託付給鸚鵡也可以利用的寵物旅館。最好事先調查店家對鸚鵡的照料是否熟練。如果是和動物醫院合作的商店，就更讓人安心了。

▷▷▶ **託付給可以信賴的人**

如果是習慣照顧鸚鵡的人，或是曾和鸚鵡有過接觸的人，也可以託付。若是不習慣照顧鸚鵡的人，難免讓人擔心會有逃走之類的意外發生。

要做好準備哦！

留鸚鵡獨自看家前的注意重點

☐ **打開空調**

有些季節可能會突然變冷或是變熱。預先設定好空調或加溼器，讓鸚鵡舒適地度過吧！

☐ **拆掉隔糞網板**

如果一直裝著隔糞網板，萬一食物掉到籠子底部時就吃不到了。最好維持拆掉網板的狀態。

☐ **籠子不要覆蓋罩布**

在家人不在的狀況下，處在全黑的環境中可能會因為不安而引起恐慌。注意不要覆蓋罩布。

☐ **考慮放置籠子的場所**

獨自看家時，整個籠子會照到陽光的環境並不太妥當。不妨利用瓦楞紙等，從窗戶打造出陰涼的部分。

☐ **食物要多準備一點**

鸚鵡只要半天不吃，就會攸關性命。放入充足的食物，準備數個容器，就算容器打翻了也沒關係。

讓鸚鵡不會無聊的看家訣竅

1 儘量接近平常的環境

有些鸚鵡對「跟平常不一樣」會感到不安。如果平常有播放音樂的話，最好也能播放音樂。

2 在籠子裡快樂地玩玩具

為了避免鸚鵡無聊，要準備在籠內可以玩的玩具。最好是平常牠就愛玩的玩具。

3 讓鸚鵡可以適度看到窗外

以避免直射陽光，鸚鵡能夠隨自己的意思看到外面的位置為理想。從平常就要讓牠習慣。

以日光浴・水浴轉換心情

日光浴

藉由日光浴
維持健康並轉換心情

日光浴具有在體內生成由植物性食物無法獲得的維生素D3的作用。還有，感受外界的空氣或是看看外面的景色，也可以紓解鸚鵡的壓力。如果鸚鵡的身體狀況良好，也不討厭的話，不妨每天進行個30分鐘左右吧！

讓鸚鵡做日光浴時的重點

▷ 觀察鸚鵡狀況地進行

在陽台或庭院做日光浴時，請一邊觀察鸚鵡的情況一邊進行。

▷ 注意直射陽光的過度曝曬

如果籠子曝曬在直射陽光下，鸚鵡就有中暑之虞，要注意。

▷ 打開玻璃窗

玻璃會阻斷紫外線，最好在紗窗下進行。

▷ 在一旁守護

在外面做日光浴，可能會受到外敵攻擊。飼主一定要在旁邊守護。

暖烘烘地
好舒服～

水浴

讓身體和心理都
煥然一新

水浴可以洗掉身體的髒污，或是發洩精力，具有消除壓力的效果。有些鸚鵡會使用自來水龍頭流出的水做水浴，有些鸚鵡則是要用容器裝滿水才開始做水浴，就像這樣，不同的鸚鵡各有不同的喜愛。請依鸚鵡喜愛的方法，讓牠自由地進行吧！另外，如果是不喜歡水浴的鸚鵡，飼主可以大約每週一次地使用噴霧器幫牠噴水。勉強讓牠做水浴反而會成為壓力，必須注意。

可以發洩
精力呢！

讓鸚鵡做水浴時的重點

▷ 使用常溫的水，絕對不可使用熱水！

熱水會溶解覆蓋羽毛的皮脂，降低防水・保溫效果。

▷ 配合鸚鵡的喜好調整次數

不是每天都必須進行，請視身體狀況進行。

▷ 不可勉強牠做水浴

對於不喜歡水浴的鸚鵡，沒有必要勉強地進行。

對於不喜歡水浴的鸚鵡…

▷▷▶ **使用噴霧器
讓牠習慣！**

不喜歡水浴的鸚鵡，不要勉強牠進行，飼主可以先用噴霧器噴水讓牠習慣。剛開始時不要對著鸚鵡直接噴水，而是要朝上方噴灑，讓細霧狀的水氣落到牠身上。

迎接新同伴時

想一想對鸚鵡來說這樣真的幸福嗎？

野生的鸚鵡雖然過著團體生活，但是在飼養狀態下，尤其是和飼主愛情濃厚的鸚鵡，可能會將新來的鸚鵡視為「敵人」，無法好好接納對方。先來知道複數飼養的優點和缺點吧！

【優點】

對於不喜歡單獨一隻的鸚鵡來說，飼主不在家時是會感到不安的。如果有另一隻鸚鵡，可能多少會產生一點安心感。

【缺點】

如果2隻很合得來，飼主

可能會淪為單純的照顧者，對於希望和鸚鵡度過親密時光的飼主來說就不太建議。還有，因為出於不希望飼主被搶走的心情，有些鸚鵡會對新來的鸚鵡產生攻擊性。雖然可能會隨著時間而逐漸習慣，但是不合的情況一嚴重起來，光是聽到對方的聲音都會成為壓力。考慮到萬一時的情況，家中環境是否允許能在不同房間內飼養鸚鵡？時間上是否允許錯開個別的放鳥時間？種種情況都必須考慮在內。

想一想對鸚鵡來說這樣真的幸福嗎？是否要迎進新的鸚鵡，還是慎重地檢討一下吧！

▷▷▶ **以相親檢視速配度**

如果可以的話，帶著鸚鵡前往店家，將籠子並排在隔壁，觀察情況。只要鸚鵡出現一點點的對抗意識，最好就要重新考慮帶新同伴回家這件事。

好好地迎接新同伴吧！

剛開始時，要以不同的籠子飼養。各自放置在房間遠離的地方，一邊觀察情況，讓牠們逐漸增加會面以接受對方的存在。

迎進時的注意重點

▷▷▷ **以先養的鸚鵡為優先**

放飯的時機或放鳥的時間等，全都要以先養的鸚鵡為優先。預防牠因為對新來的鸚鵡吃醋，而變得具有攻擊性。

▷▷▷ **不要馬上讓牠們見面**

家中突然來了新的鸚鵡，對先養的鸚鵡來說，可能會造成壓力。為了讓牠慢慢接受對方的存在，並且考慮到檢疫期間，還是先將籠子放置在遠離的場所吧！

我們是很敏感的！

▷▷▷ **放鳥時一定要緊盯著牠**

就算是平常感情很好的鸚鵡同伴，遇到發情期等意想不到的情況都可能會成為打架的原因。一起放鳥時，一定要目不轉睛地在一旁守護。

▷▷▷ **就算合得來，剛開始時也要分開籠子**

也是有從一開始，鸚鵡彼此就很合得來的情況。不過，新鸚鵡將疾病帶進來的事情也很常見，因此剛開始時還是要先放進不同的籠子，放置在遠離的場所，儘量減少讓牠們接觸。

想要更常在一起玩喲！

鸚鵡是只要有飼主就幸福了

「只有一隻會寂寞吧！」──我想有很多貼心的飼主都會這樣想。然而，實際上也有很多鸚鵡無法接受新來的鸚鵡。如果不想讓牠覺得寂寞，可以刺激鸚鵡的知性好奇心，以打造提高生活品質的環境為目標，放鳥時間則認真地和鸚鵡面對面。

來做健康檢查

注意鸚鵡發出的SOS

鸚鵡只要身體一衰弱就很容易受到敵人的攻擊，所以會本能地隱藏身體的不適，想讓舉止動作顯得健康。當鸚鵡的樣子明顯感覺怪異時，疾病可能已經進行到非常嚴重了……

鸚鵡的疾病進程非常快，所以「先看看情況」這件事，有時可能會攸關性命。將健康檢查做為每日的習慣，毫不疏漏地從行動、外觀、糞便觀察到鸚鵡的異常變化是很重要的。

只要覺得牠的樣子和平常不一樣，就算只是小事，也要立刻諮詢獸醫師。

小地方也要檢查哦！

可從行為得知的不適徵兆

- ☐ 失去活力，不像平常一樣鳴叫
- ☐ 不怎麼進食
- ☐ 飲水量突然增加
- ☐ 起床時間變晚，一直在睡覺
- ☐ 「窣一窣一」好像很痛苦地呼吸著
- ☐ 一直歪著頭
- ☐ 排泄的時候會擺動臀部用力
- ☐ 不想睡卻頻頻打呵欠
- ☐ 趴著，或是將臉埋在背部
- ☐ 鼓起羽毛，或是翅膀無力下垂

檢查外觀

在符合項目做個記號。如果記號少，
鸚鵡的身體狀況可能已經崩壞了。請諮詢獸醫師。

眼·鼻

- ☐ 沒有眼屎或流淚
- ☐ 眼睛沒有發紅
- ☐ 沒有流鼻水或打噴嚏

腹部·全身

- ☐ 有充分進食，不消瘦
- ☐ 沒有疣或疙瘩、硬塊
- ☐ 腹部沒有鼓脹

鳥喙

- ☐ 鳥喙上下有確實咬合
- ☐ 鳥喙的顏色沒有變色
- ☐ 沒有變長或是變形

羽毛

- ☐ 羽毛顏色沒有出現變化
- ☐ 羽毛沒有大量脫落
- ☐ 沒有禿毛或雜亂

要注意身體
的變化喔！

耳

- ☐ 沒有流膿

腳·爪

- ☐ 腳趾沒有腫脹
- ☐ 血色沒有不佳

糞便

- ☐ 水分不多
- ☐ 肛門沒有垂掛著糞便
- ☐ 糞便的大小、次數沒有改變
- ☐ 糞便的顏色沒有改變

醫院

帶往動物醫院

尋找能夠診察鸚鵡的動物醫院

迎進鸚鵡後，要先帶到動物醫院去。由於能夠診察鸚鵡的動物醫院並不多，所以事先找好熟知鸚鵡的動物醫院是很重要的。

帶回家的時候，可能早就已經感染到寄生蟲或病毒了。尤其是帶第2隻鸚鵡回家時，也有傳染給先住鸚鵡的可能性……有時僅憑鸚鵡的樣子是無法辨識的，還是盡早接受檢查吧！此外，即使是健康的鸚鵡，也要留意定期接受檢查。

選擇家庭動物醫院的重點

1　醫院有具鳥類專門知識的獸醫師

熟悉鸚鵡的處置，如果有專門看鸚鵡的動物醫院更佳。

2　願意詳細說明治療和檢查方法

願意詳細說明檢查和診療內容、疾病的原因是很重要的。

3　關於飼養環境也能給予建議

飼養環境也可能是疾病的原因。請接受獸醫師的建議。

4　設備完善

罹患重病‧重症時，必須有能夠因應專門治療的設備。

考慮第二意見

到別家醫院去，需要很大的勇氣。可是，依照獸醫師的經驗而異，對疾病的見解也不盡相同。「先看看情況吧！」當醫生如此說，但鸚鵡的身體狀況卻總不見回復時，不妨考慮尋找第二意見。

就靠你了！

帶往醫院時的注意事項

▷▷▶ 用飼養籠帶去

用飼養籠帶去，可以請獸醫師看看鸚鵡的生活環境，身體不適的原因也會更加明確。如果鸚鵡會在籠中大吵大鬧，或是不方便用飼養籠帶去時，也可以使用如照片中的外出籠。

▷▷▶ 確實做好保溫措施

保溫對身體狀況不好的鸚鵡來說非常重要。仔細觀察鸚鵡的樣子，也要注意避免過度溫暖。外出籠內要確保空氣流通，並避免熱氣逸失地保持在28～32℃。

向獸醫師確認

☐ 疾病的原因

☐ 治療的內容

☐ 在家中必須注意的事項

☐ 如果有處方藥，是什麼樣的藥物？要如何使用？

健康管理
很重要喔♪

⟨ 請接受健康檢查 ⟩

在一起生活，對於鸚鵡一點一點進展的異常狀況往往難以察覺。讓鸚鵡每半年一次，或是每年一次地定期接受健康檢查以預防疾病是非常重要的。即使是健康的鸚鵡，也要在先讓牠習慣醫院的想法下，讓牠進行健康檢查。

〔監修〕
BGS鳥類顧問
柴田祐未子

橫濱小鳥醫院附設Bird's Grooming Shop鳥類訓
練師。以人和鳥都能幸福生活為目標，致力於
從小型到大型鳥種，針對各種鸚哥和鸚鵡的問
題行為之預防和改善。

〔醫學監修〕
橫濱小鳥醫院院長
海老沢和荘

歷經鳥類專門醫院的臨床研修後，於1997年
開設鸚哥、鸚鵡、雀類及其他小動物的專門醫
院。鳥類臨床研究會顧問、異國寵物研究會、
Association of Avian Veterinarians所屬。著書有
《エキゾチック診療》（學窗社）等。

〔攝影協助〕
Bird's Grooming Shop
http://www.birdsgrooming-shop.com/

鸚鵡咖啡廳FREAK
http://www.parrot-freak.com/

えとぴりかTOKYO
http://www.etpkbird.com/

こんぱまる
http://www.compamal.com/

Bird story
http://birdstory.net/

SPECIAL THANKS

パル、ちゅうちゅう、ヴィー、
もも、くり、ルイ、ひな、パ
ロ、ビアンカ、ハル、ヘホ、
キョロ、ハロ、百、パイン、
そら、黃太郎、空次郎、ミッ
チー、パッチ、ジューク、ニ
コ、ばなな、みつ、ポット
和其他許多的鳥兒們

日文原著工作人員

攝影　　　　　宮本亜沙奈
設計　　　　　日高慶太、酒井絢果（monostore）
內文DTP　　　大平千尋、金內智子（monostore）
插圖　　　　　藤田亜耶、志野原遥（monostore）[P.26～35]
編輯・構成・執筆　株式會社スリーシーズン
　　　　　　　　（松本ひな子、朽木 彩、若月友里奈）
企劃・編輯　　庄司美穂（マイナビ出版）

國家圖書館出版品預行編目資料

我家的鸚鵡超愛現!/柴田祐未子, 海老沢和荘監修; 彭春美譯.
-- 二版. -- 新北市: 漢欣文化事業有限公司, 2023.02
144面; 21x15公分. -- (動物星球; 25)
譯自: これ1冊できちんとわかるしあわせなインコとの暮ら
し方
ISBN 978-957-686-852-8(平裝)

1.CST: 鸚鵡 2.CST: 寵物飼養

437.794　　　　　　　　　　　　　　111018539

有著作權・侵害必究　　　　定價320元

動物星球 25

我家的鸚鵡超愛現！(暢銷版)

監　　修/柴田祐未子、海老沢和荘
譯　　者/彭春美
出　版　者/漢欣文化事業有限公司
地　　址/新北市板橋區板新路206號3樓
電　　話/02-8953-9611
傳　　真/02-8952-4084
郵 撥 帳 號/05837599 漢欣文化事業有限公司
電 子 郵 件/hsbookse@gmail.com
二 版 一 刷/2023年2月

本書如有缺頁、破損或裝訂錯誤，請寄回更換

KORE1SATSU DE KICHINTOWAKARU SHIAWASENA INKO TONO
KURASHIKATA
Supervised by Kazumasa Ebisawa, Yumiko Shibata
Copyright © 3season Co., Ltd. 2016
All rights reserved.
Original Japanese edition published by Mynavi Publishing Corporation

Traditional Chinese translation copyright © 2017 by Han Shin
Cultural Enterprise Co., Ltd. This Traditional Chinese edition
published by arrangement with Mynavi Publishing Corporation, Tokyo,
through HonnoKizuna, Inc., Tokyo, and KEIO CULTURAL ENTERPRISE
CO., LTD.